中老年人 学电脑与上网

蒋　晟 左荣欣／主　编

苏　曼 陈昭稳／副主编

－视频教学版－

U0304579

中国铁道出版社

CHINA RAILWAY PUBLISHING HOUSE

内 容 简 介

本书主要介绍了中老年人学习电脑和上网的一些基础且常用的操作，通过图文并茂的方式，让中老年人更容易看懂和学会各种电脑操作。另外，本书还特意放大了字体和图片的大小，就是为了让中老年人享受更好的阅读体验。

本书共10章内容，包括中老年人学电脑必会操作、学习常用的Windows 7操作系统、电脑中的文件和软件的管理、用Word记录生活中的点滴、初识互联网要掌握的基本操作、中老年人日常生活中网络的用处、QQ和微信是中老年人的社交帮手、中老年人偏好银行存款和理财产品、上网炒股，中老年人也能做点投资、做好日常维护，让电脑更安全。

本书主要针对的读者群是中老年人，但对于刚入职的文职工作者、正在读书的中小学生以及中小学文化水平的工作者等人群也是很实用的。对于一些培训机构设置的老年学习班，也可以将本书作为教材使用。

图书在版编目（CIP）数据

中老年人学电脑与上网:视频教学版/蒋晟，左荣欣
主编.—北京：中国铁道出版社，2018.9
ISBN 978-7-113-24740-9

Ⅰ.①中… Ⅱ.①蒋… ②左… Ⅲ.①电子计算机—
中老年读物②互联网络—中老年读物 Ⅳ.①TP3-49

中国版本图书馆CIP数据核字（2018）第155456号

书　　名：中老年人学电脑与上网（视频教学版）	
作　　者：蒋晟　左荣欣　主编　苏曼　陈昭稳　副主编	
责任编辑：张亚慧	读者热线电话：010-63560056
责任印制：赵星辰	封面设计：MXK DESIGN STUDIO

出版发行：中国铁道出版社（100054，北京市西城区右安门西街8号）
印　　刷：北京铭成印刷有限公司
版　　次：2018年9月第1版　　2018年9月第1次印刷
开　　本：787mm×1092mm　1/16　印张：14　字数：244千
书　　号：ISBN 978-7-113-24740-9
定　　价：59.00元（附赠光盘）

爷爷，现在每家每户都有一台电脑，有的甚至有几台，还有笔记本、iPad之类的也很常见，连几岁的小孩子都会用电脑上网、打游戏或者看电视。

 你说的是啊，小精灵。我在家想要开电脑看视频都不会操作，每次都让我8岁的孙女儿帮我把视频打开，我也想自己学会用电脑上网啊！

 其实这并不像您想象中那么难，现在市面上有很多教中老年人学会用电脑和上网的书，这里我可以给您推荐一本，叫《中老年人学电脑与上网（视频教学版）》，您可以买来看看，轻轻松松就学会了，它包含的内容也很丰富。

 电脑的基础操作

认识和使用网络

 看起来内容好像是挺全面的，但是怕我看了书也学不会，因为我都这把年纪了，太难的东西完全学不懂。

 爷爷，这个您不用担心。我给您推荐的这本书的内容很简单，讲解的都是一些基础知识点和操作，是专门为您这样的中老年人量身打造的，具有方便中老年人阅读使用的一些显著特色。

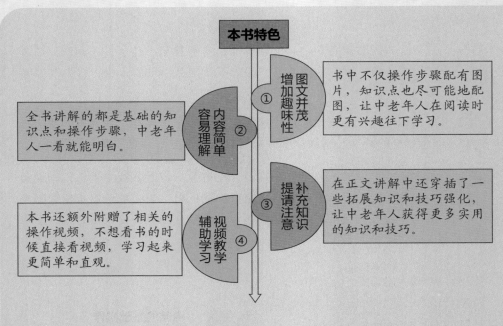

本书特色

① 图文并茂 增加趣味性

书中不仅操作步骤配有图片，知识点也尽可能地配图，让中老年人在阅读时更有兴趣往下学习。

② 内容简单 容易理解

全书讲解的都是基础的知识点和操作步骤，中老年人一看就能明白。

③ 补充知识 提请请注意

在正文讲解中还穿插了一些拓展知识和技巧强化，让中老年人获得更多实用的知识和技巧。

④ 视频教学 辅助学习

本书还额外附赠了相关的操作视频，不想看书的时候直接看视频，学习起来更简单和直观。

这真是太好了，这本书真的就是为我们中老年人量身定做的！

是的，不过因为书中介绍的内容比较基础、实用，所以不仅适合中老年人，其他一些读者也可作为参考阅读。至于本书的读者群，主要有如下一些。

 50、60和70多岁的中老年人

 刚入职的文职工作者

 正在读书的小学生和中学生

 中小学文化水平的读者

第2章 学习常用的Windows 7操作系统

2.1 Windows 7操作系统桌面与窗口

2.2 看不清字就启用"放大镜" 29

2.3 自带的图像处理与视听工具 33

CONTENTS 目录

第5章 初识互联网要掌握的基本操作

第6章　中老年人日常生活中网络的用处

第7章 QQ和微信是中老年人的社交帮手

第8章 中老年人偏好银行存款和理财产品

第10章 做好日常维护，让电脑更安全

01

第1章

中老年人学电脑必会操作

学习目标

中老年朋友学习使用电脑，首先要对电脑有一个清晰地认识。电脑本身以及电脑中的各种组件、电脑的开关机问题、外部设备的连接和使用电脑打字的正确方法等，这些是中老年朋友开始学习电脑最初所必须掌握的内容。

要点内容

- 电脑的重要部件有哪些
- 启动电脑的正确顺序
- 出现故障时是否该重启系统
- 怎样切换和注销电脑
- 关闭电脑要讲究方法
......

- 会玩电脑就要知道USB接口
- 数据线的作用
- 用好U盘存资料
- 认识键盘，掌握各手指应放的位置
- 学会击键，掌握打字的规范姿势
......

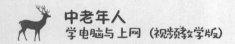

1.1 认识电脑及其作用

 小精灵，我家刚买了一台电脑，但是我以前都没怎么接触过。家里其他人也忙，你能教我怎么使用电脑吗？这样以后我就可以自己在家上网了。

 没问题啊，爷爷。电脑有很多部件，爷爷要从头一一开始学呢。我会从简单的地方开始给您介绍电脑及其使用方法。

　　中老年人学电脑与上网，首先要了解电脑的各个组成部分和电脑的一些作用，从"是什么"和"用来干什么"的角度，系统地认识电脑。

1.1.1 电脑的重要部件有哪些

　　虽然电脑有型号的区别，但每台电脑的基本组成部件是相同的。其中，中老年朋友能够切实看到和摸到的实体是电脑的硬件，比如显示器、键盘、鼠标、主机机箱、主板、内存条和CPU等，它们是电脑的基本框架，是电脑运行的载体。

[跟我学] 了解电脑的硬件系统

● **显示器** 用来展示文字、图片及播放视频的工具，如图1-1所示。它是将一定的电子文件通过特定的传输设备显示到电脑屏幕上再反射到人眼中的显示工具。

● **键盘和鼠标** 是电脑重要的输入设备，即向电脑输入数据和信息，如图1-2所示。另外，电脑的输入设备还有摄像头、扫描仪和语音输入装置等。

图1-1

图1-2

● **主机机箱** 主机机箱主要用来放置和固定电脑的其他各种配件，起承托和保护电脑配件的作用，如图1-3所示。另外，它还可以屏蔽电磁辐射。

● **主板** 固定在主机机箱中的电脑配件集合体，如图1-4所示。主板上安放并固定了电脑的许多小配件，比如内存条和CPU等。

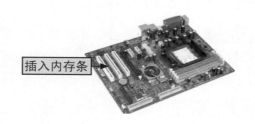

插入内存条→

图1-3   图1-4

● **内存条** 用来存储数据和应用程序的部件，有时也被称为内存储器，如图1-5所示。

● **CPU** CPU是中央处理器的英文简称，是一块超大规模的集成电路，是一台电脑的运算核心和控制核心，主要功能是解释电脑指令并处理电脑软件中的数据，如图1-6所示。

图1-5   图1-6

 拓展学习 | 电脑的软件系统

中老年朋友要清楚知道，电脑一般由硬件系统和软件系统构成。电脑的软件系统包括系统软件和应用软件。其中，系统软件包括各种系统程序，如Windows操作系统和语言处理程序等。应用程序则是中老年朋友根据自身需要自行选择安装的各种程序，如Office软件和QQ聊天软件等。用户在电脑上进行的所有操作都是在操作系统或应用软件上进行的。

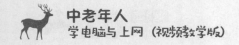

1.1.2 中老年人能用电脑做什么

电脑的用途有很多，对中老年人来说，电脑的主要作用就是使生活更便利、更丰富。

[跟我学] 了解电脑的用处

● 看新闻 中老年朋友可以不出家门，直接利用电脑和网络进入新闻门户网站，了解国内外的时事新闻。除此之外还能查看法制、时政、股票、黄金和理财等方面的新闻资讯，如图1-7所示的是中国财经网首页。

● 逛论坛、发微博 信息时代的发展，促使中老年人也开始通过各大论坛和微博了解国家和世界。在论坛和微博中，中老年朋友可以了解别人的观点或者分享自己的想法。如图1-8所示的是新浪微博的发布微博页面。

图1-7

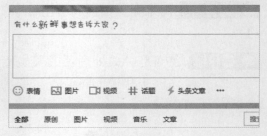

图1-8

● 听音乐 中老年朋友可以直接通过网页在线播放歌曲，也可以通过自行安装的音乐播放器播放歌曲，如图1-9所示的是网页在线播放音乐的界面。

● 玩游戏 电脑操作系统自带了很多小游戏，比如黑桃王、跳棋、扫雷和纸牌等。如果中老年朋友已经给电脑连网，还有更多网络游戏可以玩，比如麻将、斗地主和下象棋等，如图1-10所示的是打麻将的游戏界面。

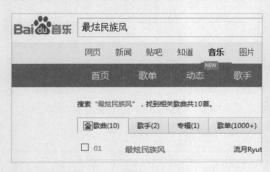

图1-9

图1-10

● **看视频** 无论是年轻人还是中老年人，每天都有自己的事要忙，不可能守着电视机看电视，所以很多时候会错过一些剧集。中老年人可在闲暇时利用电脑观看以前漏看的电视剧或电影，还能观看很多广场舞视频，如图1-11所示。

● **聊天** 有了网络，距离再远的人都可以面对面交谈，以前只能打字聊天，现在语音聊天和视频聊天更加普及，如图1-12所示的是视频聊天界面。

图1-11

图1-12

● **查看照片** 电脑有自带的照片查看器，中老年朋友可以将手机中的照片放到电脑中，然后在电脑上进行查看，如图1-13所示。

● **网上购物** 随着网上购物商城的迅速发展，人们不一定非要到超市或实体商城购买物品，直接利用电脑，动动手指就能将所需的物品买回家，如图1-14所示的是淘宝网购物首页。

图1-13

图1-14

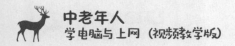
1.2 如何规范使用电脑

爷爷，我刚刚看您开机时是先按主机上的开机按钮，然后再按显示器上的开关按钮，长期这么做的话对电脑不好，所以要注意开机的顺序哦。

啊？真的吗！我之前一直都是这么打开电脑的呀！

大多数人在使用电脑时都不注意开机顺序或者电脑其他操作的规范性，长期下去，电脑的各部件就很容易受损，变得不耐用。所以，为了降低电脑的使用成本，我们接下来要学习如何规范地使用电脑。

1.2.1 启动电脑的正确顺序

日常生活中，对电脑进行冷启动才是保护电脑的最好开机方法。冷启动就是指接通电源后，先打开显示器，再启动主机。具体操作如下。

[跟我做] 按冷启动方式启动电脑

按下
按下

步骤01

接通总电源，❶按下显示器上的电源按钮，打开显示器，❷再按下主机机箱上的电源按钮。

拓展学习 | 显示器与主机的开关按钮的位置

不同的电脑，其显示器和主机的外形是不同的，相应地，显示器的电源开关和主机的电源开关会在不同的位置。中老年朋友要根据自家的电脑构造，准确找到显示器和主机的电源开关，然后按照先开显示器、后开主机的顺序启动电脑即可。

步骤02

等待电脑自行启动，完成后会直接进入电脑桌面。

1.2.2 出现故障时是否该重启系统

电脑是一台状态机，程序控制它在已知的不同状态之间进行切换。但实际操作过程中，bug（即缺陷、漏洞）会把电脑带入未知状态，重启电脑是回到已知状态最简单的方法。所以，当电脑出现故障时，一般都会进行电脑重启操作。

[跟我学] 电脑出故障时的重启方法

● **热启动** 是指已经进入Windows操作系统，但由于系统故障导致电脑"死机"，系统长时间无反应，此时使用热启动的方式重启电脑。具体操作是在Windows操作系统中按【Ctrl+Alt+Delete】组合键，❶在界面右下角单击■按钮，❷在弹出的菜单中选择"重新启动"选项，如图1-15所示。

● **复位启动** 主要是在系统发生故障且无法采用热启动方式重启电脑时使用。此时按下主机机箱上的"复位"按钮即可进行复位启动。"复位"按钮又称为重启键，即标有"RESET"字样的按钮，如图1-16所示。

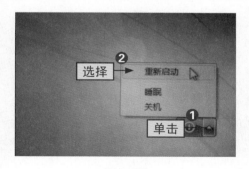

图1-15

图1-16

1.2.3 怎样切换和注销电脑

切换用户是指切换电脑的使用用户，该操作只有在一台电脑中有两个或两个以上用户时才会使用到。而注销电脑是指退出当前运行的所有程序，系统重新返回到登录窗口的状态。要注意，注销电脑并不是重新启动电脑。

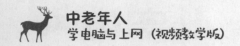

[跟我学] 切换用户和注销电脑

切换用户和注销电脑的操作相似，具体操作是：❶单击电脑桌面左下角的"开始"按钮，❷在弹出的菜单中单击"关机"按钮右侧的下拉按钮，❸在弹出的列表中选择"切换用户"或"注销"命令，即可完成或切换用户或注销的操作，如图1-17所示。

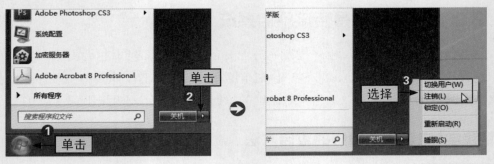

图1-17

如果选择"切换用户"命令，系统会打开如图1-18所示的界面，单击需要另行登录的账号图标，系统会自动登录到相应用户对应的操作系统。如果选择"注销"命令，系统会自动注销当前用户的登录账号。

图1-18

1.2.4 关闭电脑要讲究方法

与启动电脑的道理一样，中老年朋友在关闭电脑时也要讲究方法和顺序。这不仅能省电，还能保护电脑和电脑中数据的安全。

[跟我学] 正确关闭电脑

关闭电脑就是退出电脑操作系统，切断显示器电源。具体操作是：单击电脑桌面左下角的"开始"按钮，❶在弹出的菜单中直接单击"关闭"按钮即可进入电脑的关闭程序，❷稍等片刻待电脑主机完成关闭，再手动按下显示器的开关按钮关闭显示器的电源，如图1-19所示。

 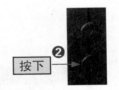

图1-19

由于电脑显示器刚通电或断电的瞬间有较大的电流冲击，会给主机发送干扰信号，导致主机出现异常甚至无法启动的情况，所以开机时应先开显示器，关机时应后关显示器，这样可避免主机受到较大电流的冲击。

1.3 可以与电脑连接的其他设备

 哎呀！这儿怎么这么多插孔啊！我这耳机要插到哪个孔里面才能听到声音呢？

 爷爷，您看啊，这儿有3种颜色的小孔，耳机要插入淡绿色的插孔里面才能听到声音，从颜色上就可以区分不同插孔的作用。

在电脑的主机机箱上会有很多插孔，不同的插孔对应不同的外部设备，只有"对号入座"才能发挥作用。

1.3.1 会玩电脑就要知道USB接口

很多人都会使用电脑，但其中却有一些人不知道"USB接口"是什么。USB接口是连接电脑与外部设备的一种串口总线标准，也是一种输入/输出接口的技术规范。

[跟我学] 了解什么是USB接口

在电脑的主机机箱上，其正面和背面都有USB接口，一般为扁平状，如图1-20所示（左图为机箱正面，右图为机箱背面）。

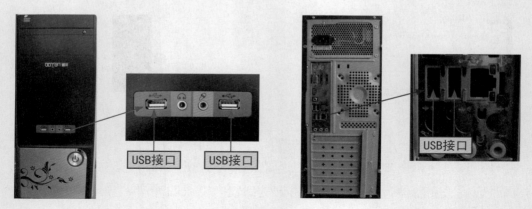

图1-20

拓展学习 | 如何快速识别USB接口

在电脑主机机箱的背面有很多扁平状的接口，中老年朋友要想快速识别哪些是USB接口，直接查看接口处是否有 ⟞⟵ 标志，有则为USB接口，无则不是。

1.3.2 数据线的作用

数据线又称为USB数据线，是连接电脑和外部设备，用来传送文件的工具。数据线的一个端口连接电脑的USB接口，另一端口连接外部设备，如手机、照相机等。其外观如图1-21所示。

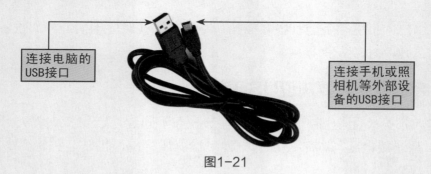

连接电脑的
USB接口

连接手机或照
相机等外部设
备的USB接口

图1-21

[跟我学] 数据线的五大类

数据线根据功能的不同可以分为5种类型，各种类型的数据线没有明显的外观区别，具体介绍如表1-1所示。

表1-1

类型	功能
上网线	只适用于GPRS或CDMA 1X上网，比如家里安装的网线。典型的型号有V730系列、V688系列和小灵通系列
刷机线	只能用来升级刷机，比如手机变卡时可用刷机线刷机来解决问题。典型的型号有明基S700和升级解锁一线通。目前该类数据线已经被淘汰
同步线	用来传输电话本、图片、音乐、短信和多媒体资料等，部分是双向传送，部分仅支持单向传送
充电线	一般是上网线或同步线加上一个USB充电功能。该类数据线最普遍，实用且方便，可分为带充电和带充电开关两种，前者一插上就充电；后者有一个小开关，可以控制是否充电
多功能线	同时支持上网、同步、刷机和充电等两项或两项以上的功能，有的还配备了双接口，即USB同步上网、串口刷机

1.3.3 用好U盘存资料

U盘是USB闪存盘的简称，是一种使用USB接口的、无须物力驱动器的微型高容量移动存储工具。它通过USB接口与电脑相连接，实现即插即用。U盘的种类很多，形状各异，存储空间各不同，如图1-22所示的是一些不同外观的U盘。

图1-22

[跟我做] 插入和拔出U盘

插入

步骤01

将U盘插入电脑的USB接口。要注意，U盘的芯片要与电脑的USB接口接触良好，如果插反了会导致电脑读不出U盘中的数据。

U盘与电脑连接成功后，桌面的右下角会出现📷标记。如果不再使用U盘，则❶单击或右击该标记，❷在弹出的菜单中选择"弹出××"选项，在系统提示已经安全移除硬件后，才可将U盘从主机机箱上拔下来。

拓展学习丨最好不要直接拔出U盘

中老年朋友要注意，虽然U盘在使用后可以直接拔出，但最好不要这么做。因为U盘与电脑相连接时可能正在传输数据，或者正在被占用，直接拔掉可能会造成U盘内的数据丢失，也可能因为电流突然过大而损坏U盘。

1.3.4 耳机、话筒助你在家K歌

日常生活中，我们使用得较多的外部设备除了U盘以外，还有耳机、音箱和麦克风（即话筒）等。它们的连接方式是直接将连接线端口插入主机机箱背后的输入/输出接口。最常见的输入/输出接口有3个，如图1-23所示。

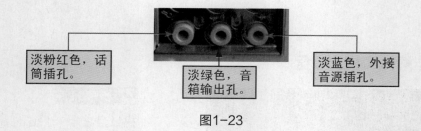

淡粉红色，话筒插孔。

淡绿色，音箱输出孔。

淡蓝色，外接音源插孔。

图1-23

[跟我学] 了解各种输入/输出接口的作用

● **话筒插孔** 用于连接麦克风，中老年朋友在家没事的时候可以把麦克风连接好，唱唱歌。

● **音箱输出孔** 用于连接音箱或者耳机，中老年朋友在语音聊天、视频聊天或者听歌时，如果不想声音外放，可以利用该接口连接耳机来听声音；也可以利用该接口连接音箱来增大声音外放的音量。

● **外接音源插孔** 用于连接MP3或MP4等外部音源设备，可以播放这些设备中的音频文件。

在主机机箱的正面，一般有两个外部设备接口，一个淡粉红色，一个淡绿色。其中淡粉红色即话筒插孔，用于连接麦克风；淡绿色即音箱输出孔，用于连接耳机。

1.4 中老年人学习使用键盘和鼠标

小精灵啊，你之前说的一些"单击"、"双击"、"拖动"和"选择"这些动作究竟是怎么区分的，各有什么作用呢？

爷爷，这些是我们在使用鼠标的时候对一些操作的称谓，具体什么时候该"单击"，什么时候该"双击"，我马上来告诉您。

很多中老年人在刚开始使用电脑时，对于鼠标的基本操作一般都不会。同时，也不注意电脑使用的规范动作和操作方法，导致电脑的利用效率低。为了提高效率，中老年朋友要花一点时间了解鼠标的作用，学习手指在键盘上的摆放位置和击键操作，规范使用电脑时的坐姿。

1.4.1 认识键盘，明确各手指应放的位置

用电脑输入文字，一般使用键盘。虽然不同的键盘会有不同的外形和按键数量，但其基本结构和功能一般都相同，如图1-24所示。

图1-24

1.认识键盘的各个组成部分

图1-24中标出了键盘的5个区域，每个区域的按键数量和作用是不同的，中老年朋友要认真了解。

[跟我学] 键盘的5个区域

● **功能键区** 位于图1-24所示的❶位置，共有13个按键，【Esc】键是"取消、退出"的意思，一般用于取消当前正在执行的操作；【F1】～【F12】键的功能取决于具体的应用程序，其中，【F1】键一般用于获得当前应用程序的帮助信息。

● **主键盘区** 该区域位于图1-24所示的❷位置，按键的个数会因为键盘的不同而不同。但所有键盘的该区域都包含字母键、数字键、符号键、控制键和空格键，字母键、数字键和符号键分别用来输入对应的字母、数字和标点符号；空格键用来输入空字符；而控制键的作用如表1-2所示。

表1-2

按键	功能
Tab	制表键，一般用来转到下一个文本输入框或在文字处理中对其文本进行控制
Caps Lock	大写字母锁定键，按下该键，键盘上对应的指示灯会被点亮，此时可输入大写字母
Shift	上档选择键，一般与数字键和符号键结合使用，用来输入上档字符
Ctrl	控制键，一般不单独使用，和其他按键结合使用，形成一些快捷键及完成特定功能
⊞	"开始"菜单键，按下该键会弹出"开始"菜单

续表

按键	功能
Alt	交替换挡键，与Ctrl键类似，一般不单独使用，与其他键结合使用
Backspace	退格键，按下该键可删除已经录入的文字（即文本插入点左侧的一个字符）
Enter	回车键，主要用于确认并执行命令
📑	快捷菜单键，按下该键会弹出鼠标光标对应位置的快捷菜单

● **编辑键区** 位于图1-24所示的❸位置，共13个按键，主要用来控制编辑过程中的鼠标光标及做一些特殊操作，比如截屏和翻页等。各按键的功能如表1-3所示。

表1-3

按键	功能
PrtScr SysRq	截屏键，按下该键可以将当前屏幕以位图的形式截取到剪贴板中，再粘贴到支持位图的程序中，从而进行编辑
Scroll Lock	滚动锁定键，如果在Excel中按下该键，然后按上、下方向键，会锁定鼠标光标而滚动屏幕，再按下该键后按上、下方向键，会上下移动鼠标光标
Pause Break	中断暂停键，可终止某些程序的运行
Insert	插入键，在写字板和Word等文字处理软件中，按下该键可以在插入和改写状态之间进行切换
Home	具有回到主屏幕功能的键，按下该键可以将文本插入点移动到文档当前行的行首，按【Ctrl+Home】组合键可将文本插入点移动到文档的第一行行首
Page Up	向上翻页键，按下该键可以使屏幕翻到前一个页面
Page Down	向下翻页键，按下该键可以使屏幕翻到后一个页面
End	与【Home】键的功能相反，按下该键可将文本插入点移动到文档当前行的行尾位置，按【Ctrl+End】组合键可将文本插入点移动到文档的最后一行行尾位置
Delete	删除键，按下该键可以删除文本插入点右侧的一个字符；选中某个或多个对象后，按下该键可以将其删除，此时功能与【Backspace】键相同
方向键	包括上、下、左、右4个键，按下其中的某个键可以使文本插入点或选中的对象朝着箭头所指的方向移动。在放映PPT或浏览照片时，使用这些按键可以进行翻页

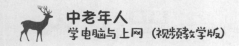
● **状态指示灯区** 位于图1-24所示的❹位置，共3个指示灯，当按下【Num Lock】键、【Caps Lock】键和【Scroll Lock】键时会点亮对应的指示灯，用于指示当前键盘对应的区域处于哪种输入状态。

● **小键盘区** 位于图1-24所示的❺位置，共17个按键，可快速输入数字和进行一些简单的数学运算。在"Num Lock"指示灯不亮时，10个数字键和【.】键无法使用，但仍可使用【Enter】、【+】、【-】、【*】和【/】这5个键。

2.手指键位分工

标准的打字姿势中包括手指在键盘上的分配，让几乎每根手指在键盘上都有对应的负责区域，即键位。

[跟我学] 键盘上的8个手指键位

在键盘上，键位分为8个区域，除了左右手的两根拇指外，其余8根手指都会负责一个区域，具体情况如图1-25所示。

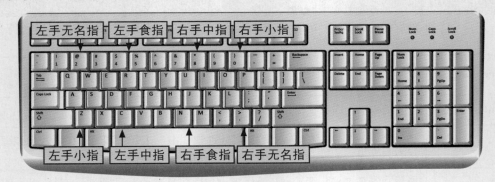

图1-25

在主键盘区域中，有8个基准键位，分别是【A】、【S】、【D】、【F】、【J】、【K】、【L】和【；】键。其中，【F】和【J】键称为定位键，键上有一条凸起的小横杠，方便我们通过手指感知并快速定位按键。

1.4.2 学会击键，掌握打字的规范姿势

中老年朋友在了解了键盘结构和手指分工后，就可以进行实际操作了。掌握正确的击键要领和打字姿势，可以提高文字录入速度，保护腰、背和视力。

[跟我学] 击键要领和打字姿势

● **击键要领** 每根手指负责的按键区域呈斜线状，要想真正提高打字速度，就要掌握一些击键的要领，具体内容如图1-26所示。

> 1.手腕要平直，胳膊尽可能不动，主键盘区域的全部动作仅限于手指部分。

> 2.手指要保持弯曲，指尖轻轻放在按键上。

> 3.击键之前，手指要放在基准键位上；击键时，手指指尖垂直向相应键位击下去，并立即放开，力度要适中；击键后，手指要迅速回到原来的基准键位上去，不要长时间按住一个按键不放。

> 4.左手击键时，右手手指应放在基准键位上保持不动；右手击键时，左手手指应放在基准键位上保持不动。另外，尽量不要看键盘，慢慢练习，养成盲打的习惯。

图1-26

● **打字姿势** 中老年朋友在使用键盘时，要注意打字的姿势。如果姿势不正确，不仅会影响打字的速度，还容易产生疲劳感甚至影响视力。具体内容如图1-27所示。

> 1.身体要坐正，全身要放松，双手自然地放在键盘上，腰部挺直，上身稍微前倾，身体与键盘的距离大约为20厘米。

> 2.眼睛距离显示器有30～40厘米，显示器的中心要与水平视线保持15°～20°的夹角。另外，不要长时间盯着屏幕，避免损伤眼睛。

> 3.大腿自然平直，小腿和大腿之间的夹角近似90°。

> 4.座椅的高度应配合电脑键盘和显示器的放置高度，具体高度以双手自然垂放在键盘上时肘关节与手腕儿高度基本持平为宜。另外，显示器的高度以操作者坐下后其目光水平线处于显示器屏幕上方的2/3位置为最好。

图1-27

在实际操作中，击键要领需要每个人都遵循和牢记。而打字姿势并没有统一的标准，因为操作者的身高是不同的，需要遵循的基本要求就是身体要坐正，腰部要挺直，眼睛与显示器的距离要适当。

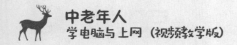
1.4.3 认识鼠标及其握持手势

鼠标是电脑的一种输入设备，也是电脑显示系统纵横坐标定位的指示器，其标准称呼应是"鼠标器"。

目前市场中的鼠标基本上都是光电鼠标，其底部是光信号，如图1-28所示。而光电鼠标又根据是否有线分为有线鼠标和无线鼠标，中老年朋友在家里上网用到的鼠标大都是有线鼠标，如1-29左图所示。但由于无线鼠标的方便性和不受鼠标线的限制，使用更自由，所以无线鼠标的适用范围正在扩大，如1-29右图所示。

图1-28   图1-29

鼠标因其形似老鼠而得名，无论是哪类鼠标，其外观和主要组成部分都大致相同，具体描述如图1-30所示。

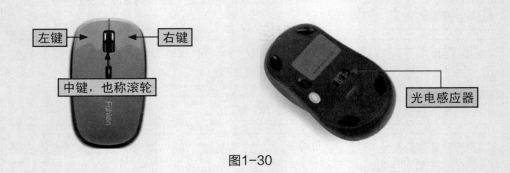

左键   右键

中键，也称滚轮   光电感应器

图1-30

[跟我学] 握持鼠标的正确手势

大多数中老年人在手握鼠标时都是用右手，其正确握持动作如下：食指和中指自然地放在鼠标的左键和右键上，放轻松；拇指横向放在鼠标的左侧；无名指和小指横向放在鼠标的右侧；拇指、无名指和小指轻轻地握住鼠标，起到固定的作用；手掌心轻轻贴住鼠标的表面，手腕儿自然地垂放在桌面上，如图1-31所示。

图1-31

1.4.4 鼠标的运用让操作更得心应手

中老年朋友要学会使用鼠标进行操作，主要包括指向、单击、双击、右击和拖动这5种操作。

[跟我学] 鼠标的5种基本操作

● **指向** 中老年朋友握住鼠标，将鼠标光标移动到目标位置，这种移动操作就是指向操作，也称为定位。将鼠标光标移动到某个对象处，程序会自动显示出该对象的相关信息，如图1-32所示。

● **单击** 将鼠标光标移动到某个对象处后，按下鼠标左键并立即释放，这种操作即单击。该操作常用于选择某个对象或弹出菜单等，如图1-33所示的是单击"查看"菜单项弹出对应菜单的操作。

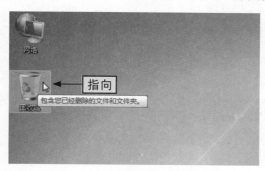

图1-32

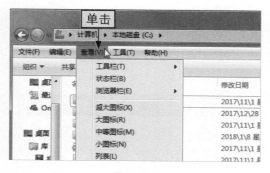

图1-33

● **双击** 将鼠标光标移动到某个对象处，快速按下两次鼠标左键并释放，即双击。该操作常用于启动某个程序，或者打开某个文件和文件夹窗口等，如图1-34所示的是通过双击"回收站"图标打开回收站窗口的操作。

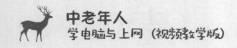
● **右击** 将鼠标光标移动到某个对象处，单击鼠标右键并立即释放，即右击。该操作常用于弹出某个对象的快捷菜单，如图1-35所示的是在"回收站"图标处右击并弹出快捷菜单的操作。

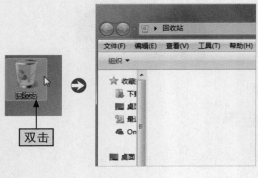

图1-34

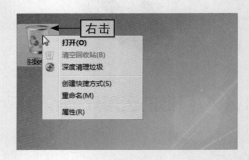

图1-35

● **拖动** 将鼠标光标移动到某个对象处，按住鼠标左键不放并移动鼠标位置，当对象移动到目标位置时立即释放鼠标左键，即拖动。该操作常用于改变对象的位置，如图1-36所示的是通过拖动操作改变"回收站"图标的位置。

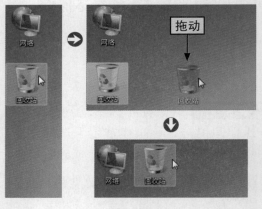

图1-36

拓展学习 | 双击操作中要注意的问题

双击操作中，两次按下鼠标左键的时间间隔要短，否则系统会默认此操作为两次单击操作，此时图标的名称处会变成蓝色可编辑状态。在执行双击操作时，如果对应的图标或对象发生了移动，则说明在进行双击操作时，操作鼠标的手移动了位置。

第2章

学习常用的Windows 7操作系统

学习目标

操作系统是管理和控制计算机硬件与软件资源的程序，是使用电脑进行各种活动的基本平台。因此，中老年人学电脑需要先了解操作系统，同时掌握一些基本操作和设置，为使用电脑上网做好准备。

要点内容

- 认识桌面的各个组成部分
- 如何改变桌面图标的大小
- 怎么切换窗口
- 启用放大镜的各种方法

......

- 让电脑中的所有对象都放大的方法
- 将照片导入电脑并打开查看
- 添加输入法
- 使用语音输入功能录入汉字

......

2.1 Windows 7 操作系统桌面与窗口

小精灵，现在电脑打开了，进入了这个画面，这上面东西这么多，接下来该怎么操作呢？

爷爷，您说的这个画面就叫作操作系统的桌面，它是一切操作的开始之处，所以咱们今天先来认识一下。

在这个电子科技发达的时代，电脑已成为大多数人不可或缺的生活、学习和工作上的工具。目前，市场上电脑一般采用Windows 7、Windows 8、Windows 10等操作系统，但Windows 7操作系统居多，其设计简洁、有个性，各种操作、设置很人性化，如图2-1所示的是Windows系 7统的桌面。

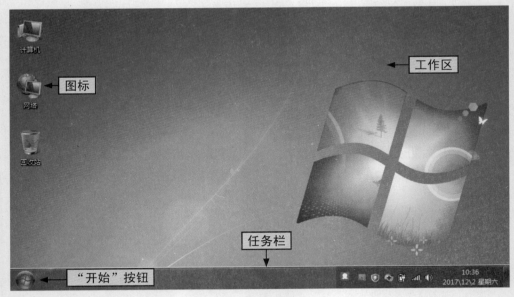

图2-1

2.1.1 认识桌面的各个组成部分

中老年朋友打开电脑后第一眼看到的电脑屏幕就是桌面，也是利用电脑进行一切操作的基础和开始，下面就来具体认识桌面的各个组成部分。

[跟我学] 了解电脑桌面上各组成部分的作用

● **工作区** 桌面上大片空白的蓝色区域（具体颜色取决于中老年朋友自己设置的桌面背景颜色）称为工作区，中老年朋友可以在该区域中添加各种应用程序、文档和文件夹图标。

● **图标** 放置在桌面上的程序、文档或文件夹等的标识称为图标，图标上有箭头标识的称为快捷方式图标，双击这样的图标即可打开对应的程序或文件。

拓展学习 | 桌面快捷菜单

在桌面工作区的空白处单击鼠标右键（以后章节简称为"右击"）即可弹出桌面快捷菜单，通过该菜单中的命令可以刷新桌面或定义桌面图标的排列方式，也可以新建文件夹、Office文档及文本文档等，如图2-2所示。

● **"开始"按钮** 桌面左下角的一个圆形图标，是微软视窗标志，鼠标光标移动到该处会有炫光效果。单击该按钮可弹出"开始"菜单，如图2-3所示。

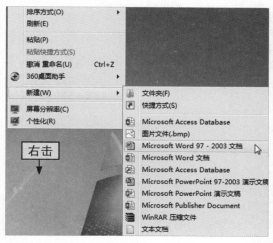

图2-2

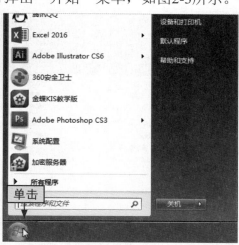

图2-3

● **任务栏** 屏幕下方从左边界延伸至右边界的长条形就是任务栏，它的结构从左到右依次为"开始"按钮、快速启动栏、任务按钮区域以及通知区域，如图2-4所示。

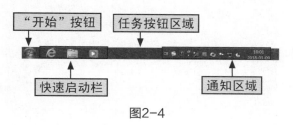

图2-4

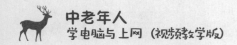

2.1.2 如何改变桌面图标的大小

通常，一台安装了Windows 7操作系统的电脑，其桌面图标的大小为"中等图标（M）"。如果中老年朋友感觉当前的图标大小自己看着不舒服，或者看不清楚，可以通过一些简单的操作改变桌面图标的大小。

[跟我做] 将桌面图标调大和调小的方法

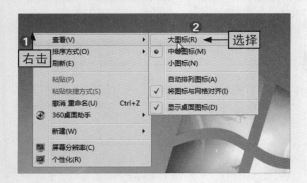

步骤01

❶在工作区的任意空白位置右击，❷弹出快捷菜单，选择"查看/大图标"命令。

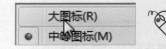

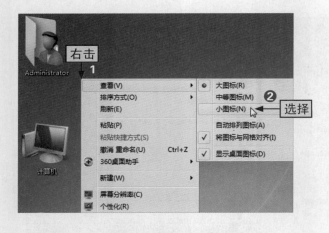

步骤02

在工作区中的桌面图标会相应放大。如果感觉图标太大了，也可将其缩小。❶同样在工作区空白处右击，❷选择"查看/小图标"命令。

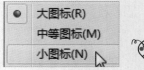

步骤03

在工作区中的桌面图标会相应缩小。

2.1.3 认识Windows 7操作系统的窗口

中老年朋友与电脑的大部分交互操作都是在窗口中完成的，在窗口中，我们能很直观地看到程序所包含的内容。在Windows 7操作系统中，窗口一般如图2-5所示。

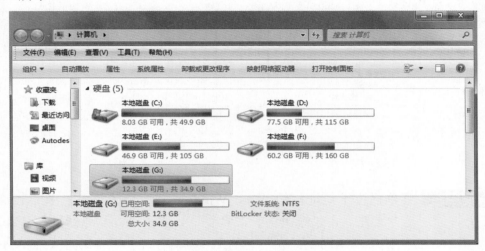

图2-5

[跟我学] 了解窗口的组成部分

● **标题栏** Windows 7的窗口标题栏取消了名称的显示，因为在地址栏中就可以看到窗口当前所代表的具体文件位置。因此标题栏中只有3个控制按钮，分别是"最小化"按钮、"最大化（还原）"按钮和"关闭"按钮，如图2-6所示。其中，"最小化"按钮可将窗口缩小为任务栏上的一个任务按钮；"最大化"按钮可将窗口全屏显示在电脑屏幕中；"还原"按钮可将窗口还原到"最大化"或"最小化"操作之前的大小；"关闭"按钮可关闭该窗口。

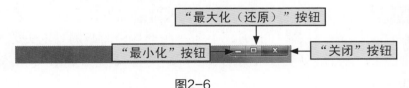

图2-6

● **地址栏** 地址栏位于标题栏的下方，主要用于标识当前窗口的工作路径，在Windows 7窗口中，地址栏的作用更大。❶单击各级地址按钮右侧的下拉按钮，❷在弹出的下拉列表中选择相应选项快速切换工作路径，如图2-7所示。

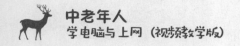

● **搜索栏** 搜索栏位于地址栏右侧，如图2-8所示。当中老年朋友在大量的文件中苦苦寻找需要的文件时，搜索栏就显得特别重要了。具体操作方式将在管理电脑文件的章节进行详细讲解。

图2-7

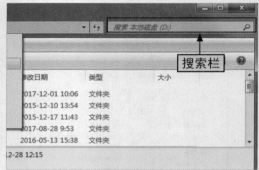

图2-8

● **菜单栏** 菜单栏位于地址栏的下方，Windows 7窗口的菜单栏中的菜单项有5个，分别是"文件"、"编辑"、"查看"、"工具"和"帮助"，如2-9左图所示，虽然菜单项相同，但在不同的路径和窗口下，菜单项中的命令不一样，如2-9右图所示。

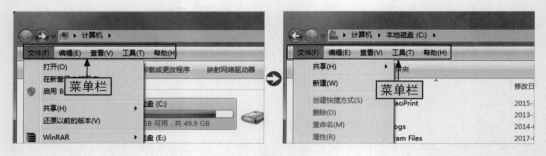

图2-9

● **工具栏** 工具栏位于菜单栏的下方，通常情况下其左侧是一些工具按钮，在不同路径下，工具栏显示的内容不同，在工具栏的右侧可以更改文件的预览视图，显示预览窗格以及寻求帮助等。不同的窗口工具栏中的内容是不同的，如图2-10所示。

● **工作区** 工作区是窗口中占用面积最大的区域，它主要用于显示该路径下的磁盘、文件以及文件夹等对象（有关磁盘、文件以及文件夹的相关内容将在第3章进行详细介绍），如图2-11所示。

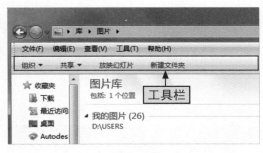

图2-10

图2-11

● **任务窗格** 任务窗格位于窗口的左侧，在此窗格中显示了可以由此访问的位置和用户最近访问的位置等。中老年朋友也可以通过拖动任务窗格右侧边缘调整该窗格的大小，如图2-12所示。

● **状态栏** 状态栏位于窗口的底部，主要用于显示当前窗口中的对象数量、当前对象的修改日期和其他详细信息，如图2-13所示。

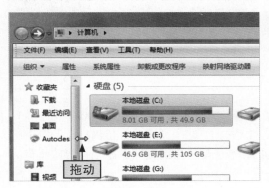

图2-12

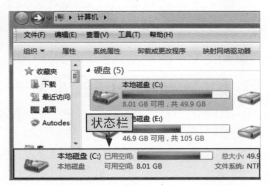

图2-13

2.1.4 怎么切换窗口

在使用电脑学习或工作时，经常会打开多个窗口，为了提高学习或工作效率，我们要掌握一定的操作方法，快速完成窗口之间的切换。

[跟我学] 切换窗口的多种方法

● **通过任务栏切换窗口** 中老年朋友可直接使用鼠标切换窗口，具体做法是：将鼠标光标移动到任务栏的程序图标上，此时即可查看此程序打开窗口的实时预览图，然后直接单击出现的预览缩略图就能切换到对应的窗口，如图2-14所示。

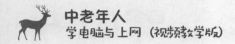

● **通过按快捷键切换窗口** 中老年朋友按【Alt+Tab】组合键，此时电脑屏幕上就会出现各个已经打开窗口的小窗口预览图。具体做法是：按住【Alt】键不放，每按一次【Tab】键就会切换一次小窗口，而桌面上也会随之出现对应程序的原始窗口的预览图，如图2-15所示。在没有切换到目标窗口之前，可以继续按【Tab】键切换到需要的窗口后释放【Alt】键即可。

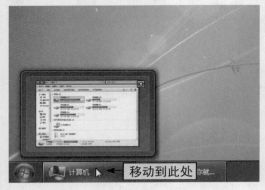

图2-14　　　　　　　　　　　　图2-15

 拓展学习｜3D窗口切换

中老年朋友在Windows 7操作系统中还可以进行3D窗口切换，按【Windows+Tab】组合键，系统就进入3D窗口切换界面。按住【Windows】键不放，接着按【Tab】键，每按一次就可切换到下一个程序预览窗口，位于最前方的窗口就是当前释放所有按键后会切换到的窗口，如图2-16所示。

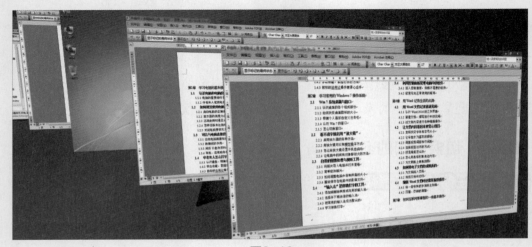

图2-16

2.2 看不清字就启用 "放大镜"

哎呀！这字好小啊，我这老花眼看不清啊！小精灵，你快过来帮我看看，这写的是什么啊？

爷爷您别急，我这就给您看看。不过以后遇到这种情况可以用电脑自带的"放大镜"功能，再小的字也能看清楚。

中老年人随着年龄的增长，视力会逐渐下降，往往会影响他们对电脑的使用。有的中老年人自己买老花镜，但这还是会有点麻烦，所以，中老年人要学会使用电脑自带的放大镜，帮助自己清楚地看清目标内容。

2.2.1 启用放大镜的方法

放大镜功能是Windows 7操作系统中的轻松访问工具里面的程序，对中老年人来说是非常实用的工具，下面就来看看启用放大镜功能的3种方法。

[跟我学] 启用放大镜功能的方法

● **按快捷键快速启用** 当需要使用放大镜工具时，直接按【❖++】组合键就可启用放大镜工具。这是最快捷的方法，启用放大镜工具后，即可出现放大镜图标，如图2-17所示。

● **搜索放大镜工具启用** ❶在"开始"菜单中的搜索框内输入"放大镜"关键字，❷在搜索结果中选择"放大镜"选项启用放大镜工具，如图2-18所示。

图2-17

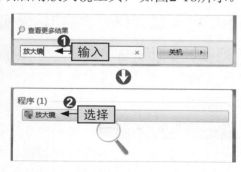

图2-18

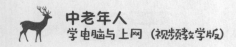

● **通过"轻松访问"启用** ❶单击"开始"按钮后弹出"开始"菜单，❷选择"所有程序/附件/轻松访问/放大镜"命令，即可启用放大镜工具，如图2-19所示。

图2-19

2.2.2 用放大镜可以有哪些看字方式

中老年朋友在启用放大镜功能后，会打开"放大镜"对话框，在对话框中可以对放大镜的放大或缩小比例进行设置，如图2-20所示。❶单击"视图"按钮，❷在弹出的下拉列表中选择对应的选项还可设置放大镜的视图模式，如图2-21所示。

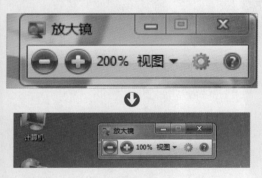 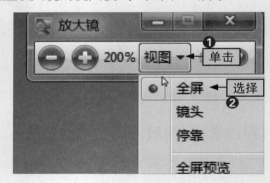

图2-20   图2-21

从图2-21中可看出，放大镜程序提供了3种不同的视图模式，在使用时需要用户根据自身实际情况选择合适的模式进行查看。

[跟我学] 用放大镜看字的3种视图模式

● **"全屏"模式** 放大镜功能启动时，系统默认的是全屏模式，该模式能将某一区域全部放大，并将放大区域全屏显示在桌面上。但是该模式只能显示桌面的部分信息。

● **"镜头"模式** 镜头视图模式会放大显示以鼠标光标为中心的一个矩形区域中的内容，并且显示的内容随鼠标光标的位置变化而发生变化，其他位置的内容将以正常大小全部显示，如图2-22所示。

● **"停靠"模式** 停靠视图模式放大的区域可以固定在桌面的某个位置，这个区域可以放大显示指定位置的内容。这里将鼠标光标移动到"计算机"图标处，其放大的图标显示在桌面顶部，如图2-23所示。

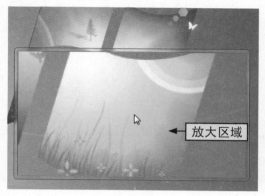

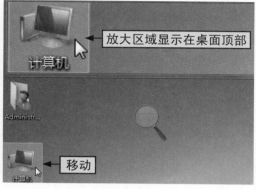

图2-22   图2-23

2.2.3 让电脑中的所有对象都放大的方法

放大镜工具虽然实用，但对中老年人来说还是不好操作，所以必须要有一个"一劳永逸"的办法来解决中老年人看字困难的问题。

[跟我做] 直接自定义系统的缩放比例全方位放大对象

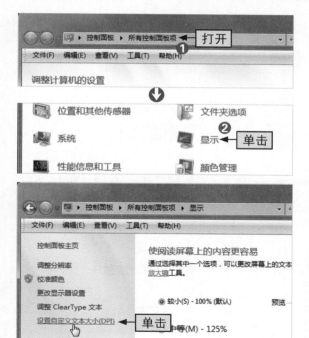

步骤01

❶打开"控制面板"窗口，❷在其中单击"显示"超链接，打开"显示"窗口。

步骤02

在该窗口中，单击左侧的"设置自定义文本大小"超链接。

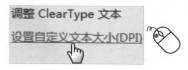

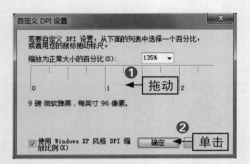

步骤03

❶在打开的对话框中将鼠标光标移动到标尺上，向左或向右拖动鼠标，自定义调整比例，❷单击"确定"按钮。

拓展学习 | 使用系统内置的缩放比例

在"显示"窗口中，程序内置了两个缩放比例，默认情况下选中"较小 100%"单选按钮。中老年朋友也可以选中"中等 125%"单选按钮，然后单击"应用"按钮更改系统的默认缩放比例。

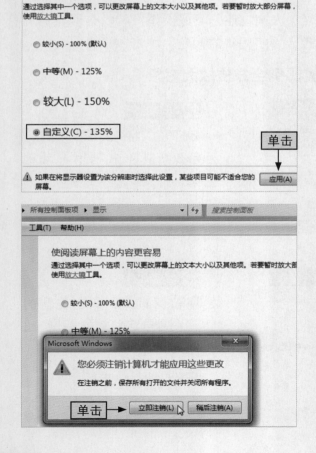

步骤04

在返回的"显示"窗口中可查看到自定义添加的缩放比例单选按钮被选中了，直接单击"应用"按钮。

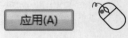

步骤05

在打开的提示对话框中提示必须注销计算机才能使更改生效，单击"立即注销"按钮即可完成操作。

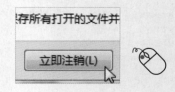

2.3 自带的图像处理与视听工具

 小精灵，我想把我手机里面的照片存到电脑里去，应该怎么做呢？

 爷爷，我之前不是给您讲过数据线吗？它就相当于一条传输通道，可将手机、照相机、MP3和MP4中的照片、歌曲和视频等传到电脑中。

目前市场中售卖的手机，其像素普遍较高，很多人都喜欢用手机拍摄照片，包括中老年朋友。但是，一部手机的内存并不像电脑那么大，能够存储的照片数量有限。那么，怎样把手机或相机中的照片导入电脑成了大多数人关心的问题。

2.3.1 将照片导入电脑并打开查看

无论是手机还是相机，都会在购买时配送数据线。中老年朋友可以将数据线作为桥梁，轻轻松松地把手机或相机里的照片导入电脑中。接下来将具体介绍通过数据线将手机里的照片导入电脑的操作步骤。

[跟我做] 利用数据线将照片导入电脑

连接手机

连接电脑

步骤01

❶取出数据线，将其中较小的端口与手机的接口连接，
❷将数据线的另一个较大端口连接到电脑主机箱的USB接口上。

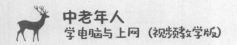

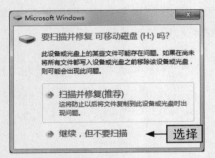

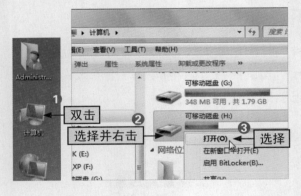

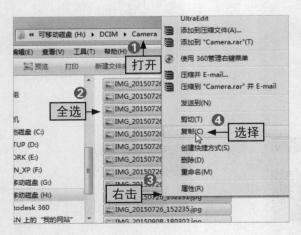

步骤02

当手机通过数据线与电脑连接成功后，手机屏幕上将打开"USB计算机连接"界面，❶选中"USB存储设备"单选按钮，❷点击"打开USB储备设备"按钮。

步骤03

此时电脑桌面会打开一个对话框，提示是否扫描修复，选择"继续，但不扫描"选项即可。

步骤04

❶在桌面双击"计算机"图标，打开"计算机"窗口，❷在其中找到移动设备，选择该设备并右击，❸选择"打开"命令。

步骤05

❶在打开的移动设备窗口中找到需要导入的照片保存位置，打开相应文件夹，❷按【Ctrl+A】组合键可一次性将所有照片选中，❸右击，❹选择"复制"命令。如果想复制后同时删掉手机中的这些照片，则不选择"复制"命令，而是直接选择"剪切"命令。

步骤06

❶在电脑中找到可以存储照片的位置，❷双击用来存放照片的文件夹将其打开。

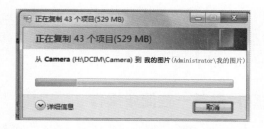

步骤07

❶在打开的窗口中的空白位置右击，❷在弹出的快捷菜单中选择"粘贴"命令。

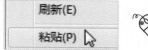

步骤08

此时程序会自动执行粘贴命令，将手机中的照片复制到电脑中，同时会打开一个对话框，提示复制进度。

步骤09

完成复制粘贴后，在手机屏幕上点击"关闭USB存储设备"按钮，然后拔掉数据线，断开手机与电脑之间的连接。

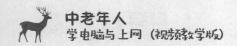

技巧强化 | 通过读卡器导入照片

读卡器是一种读卡设备，如果手机或相机的数据线丢了，或是找不到了，可以使用读卡器将照片导入电脑，具体操作如下。

首先将手机或相机的存储卡取下来安装到读卡器中，再将读卡器的另一端口插入电脑的USB接口中，此时的读卡器相当于数据线，直接将存储卡和电脑连接起来，相应地，电脑就可访问存储卡中的数据或文件了。接下来的操作与使用数据线的操作相同，将存储卡中的照片复制到电脑中即可。如图2-24所示的是常见的读卡器。

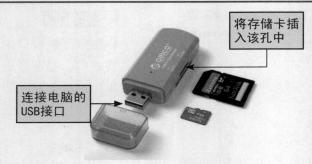

将存储卡插入该孔中

连接电脑的USB接口

图2-24

2.3.2 对电脑中的照片进行简单操作

电脑中存储的照片可以通过系统自带的Windows照片查看器进行查阅，它是Windows操作系统中的一个看图软件，是常用的图片浏览工具。找到需要查看的图片，双击图片文件可快速启用Windows照片查看器打开图片。

[跟我学] 用电脑自带的图片工具对照片进行一些简单操作

● **缩放图片** 在Windows照片查看器窗口中单击下方工具栏中的"更改显示大小"按钮，拖动滑块就可对打开的图片进行缩放调整，如图2-25所示。另外，单击"更改显示大小"按钮后还可直接滚动鼠标中键缩放图片。注意，图片一般在第一次打开且未经过缩放处理时，都按窗口大小显示。

文件(F) ▼ 打印(P) ▼ 电子邮件(E) 刻录(U) ▼

拖动

图2-25

● **改变图片的显示状态** 如果要让图片显示实际大小，则可单击工具栏下方的"实际大小"按钮（处于按窗口大小显示状态时），如图2-26所示。也可按【Ctrl+Alt+0】组合键完成该操作。此时只能在窗口中看到部分图片（相当于给了图片某个区域一个特写），且Windows照片查看器窗口下方的工具栏中的"按实际大小显示"按钮将变为"按窗口大小显示"按钮，如图2-27所示。

图2-26

图2-27

● **切换图片** 如果当前文件夹中保存了多张图片，可以在工具栏中单击"上一个"按钮切换到上一张图片，单击"下一个"按钮切换到下一张图片，如图2-28所示的是切换到下一张图片。除此之外，中老年朋友如果不习惯使用鼠标，还可以在打开图片时使用键盘上的方向键进行图片的切换。

图2-28

● **幻灯片放映图片** 中老年朋友若不想手动切换图片，则可通过单击"放映幻灯片"按钮进入幻灯片播放模式，程序会自动切换显示当前文件夹中的所有

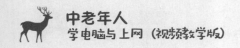
图片，此时整个电脑屏幕上显示的都是图片，看不见任何窗口和按钮。如图2-29所示。若要退出幻灯片播放模式，按【Esc】键即可。

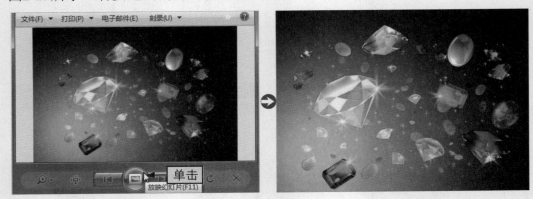

图2-29

● **旋转图片的方向** 如果发现打开的图片显示方向不利于查看，可通过"逆时针旋转"按钮和"顺时针旋转"按钮来改变图片的方向，如图2-30所示的是将图片进行顺时针旋转。

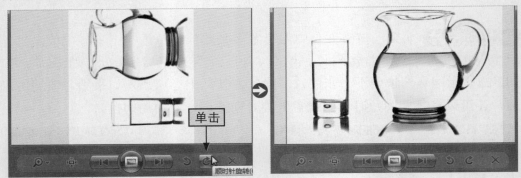

图2-30

拓展学习 | 自动保存旋转方向后的图片

中老年朋友要明白，当我们将图片的方向改变以后，无论是执行切换操作，还是直接关闭Windows照片查看器窗口，程序都会自动保存旋转了方向以后的图片。

● **删除图片** 如果我们在浏览图片的过程中，发现了不需要的图片，或者不满意的图片，❶可以单击工具栏中的"删除"按钮，❷在打开的"删除文件"对话框中单击"是"按钮即可确认删除，如图2-31所示。

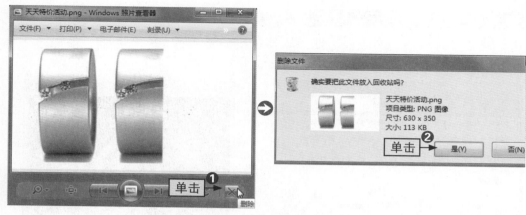

图2-31

2.3.3 播放保存在电脑中的影音文件

日常生活中，中老年朋友可能会下载一些视频或音频放在电脑里面，等到要观看或聆听的时候再打开播放。而播放这些影音文件时，主要有两种操作方法，一是直接双击打开，二是通过快捷菜单打开并播放。

[跟我学] 打开存储的影音文件并播放

● **双击打开并播放** 中老年朋友找到音频或视频的存放位置，双击想要播放的音频或视频，此时系统会自动打开播放窗口进行播放。如图2-32所示。

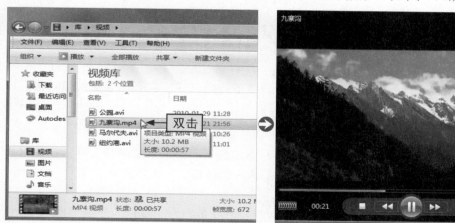

图2-32

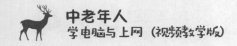

● **通过快捷菜单打开并播放**　中老年朋友还可以通过快捷菜单完成播放操作，❶右击音频或视频名称来弹出快捷菜单，❷选择"播放"命令就能打开播放窗口进行播放。如图2-33所示。

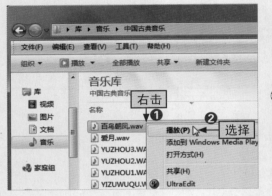 

图2-33

拓展学习｜其他视频播放器

目前，市面上有很多视频播放器，比如腾讯、爱奇艺、搜狐、优酷土豆和乐视等视频播放器，这些都需要中老年朋友自行下载安装。如果已经安装了相关的视频播放器，当中老年朋友打开利用这些播放器下载的视频文件时，系统就会默认打开相关的视频播放器，而不是打开系统默认的播放器"Windows Media Player"。

2.4 "输入法" 是帮助打字的工具

 小精灵，什么是输入法呀？我听说要想打出文字，就必须要使用输入法。你跟我说说呗！

 没问题啊爷爷，他们说的没错，输入法确实是帮助打字的好工具，在使用电脑编辑文字之前必须先了解什么是输入法以及输入法的使用。

　　输入法是指将各种符号输入电脑或其他设备（如手机）而采用的编码方法，除了Windows 7操作系统自带的输入法外，网上还有各种免费使用的输入法。本节就将详细地为广大中老年朋友介绍输入法的有关知识。

2.4.1 添加输入法

如果中老年人朋友们的输入法列表里没有需要的输入法，可手动将电脑上已经安装的输入法添加到列表中。添加输入法要通过"文本服务和输入语言"对话框进行，具体操作如下。

[跟我做] 为电脑添加"简体中文全拼"输入法

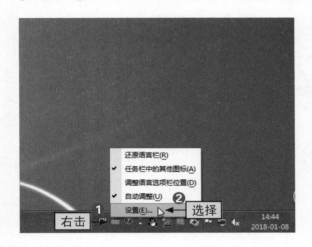

步骤01

❶在任务栏的右下角找到输入法图标并右击，❷在弹出的快捷菜单中选择"设置"命令。

步骤02

在打开的"文本服务和输入语言"对话框中的"常规"选项卡下有一个"已安装的服务"栏，里面显示了电脑当前已经添加了的输入法。中老年朋友此时可以单击列表框右侧的"添加"按钮开始添加需要的输入法。

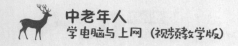

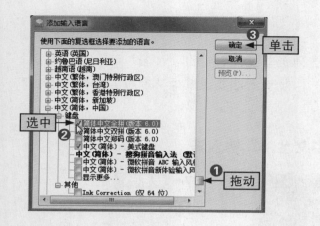

 单击

选中

拖动

单击

步骤03

❶在打开的"添加输入语言"对话框中拖动语言列表框右侧的滚动条，❷选中需要添加的输入法前面的复选框，❸单击"确定"按钮。

键盘
☑简体中文全拼

步骤04

此时，系统返回到"文本服务和输入语言"对话框，在"已安装的服务"栏中的列表框中就有了我们添加的输入法，确认无误后单击"确定"按钮即可。

技巧强化｜删除输入法

如果列表中的输入法太多，甚至包括了一些不常用的输入法，为了选择方便，可以将其从列表中删除。删除输入法的操作与添加输入法的操作类似，具体步骤如下。

❶打开"文本服务和输入语言"对话框，在"常规"选项卡下的"已安装的服务"栏的列表框中选择需要删除的输入法，此时列表框右侧的"删除"按钮和其他三个按钮变为可使用状态，❷单击"删除"按钮，即可将所选的输入法从列表中删除，❸删除完毕后单击"确定"按钮，关闭对话框。如图2-34所示。

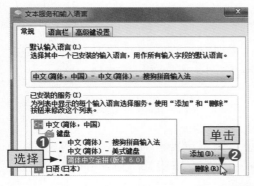 

图2-34

2.4.2 选择合适的输入法

中老年朋友需要执行输入法的切换操作以选择使用不同的输入法，在Windows 7操作系统中，选择输入法有两种方法：一是通过语言栏进行选择；二是通过快捷键进行选择。

[跟我学] 学习使用不同的方法选择输入法

● **通过语言栏选择** ❶单击任务栏右侧的输入法图标，在打开的输入法列表中将鼠标光标移动到需要选择的输入法名称上，❷单击即可选择相应的输入法。如图2-35所示。

图2-35

● **通过快捷键选择** 按【Ctrl+空格】组合键，可在"中文（简体）-美式键盘"和当前输入法之间进行切换；按【Ctrl+Shift】组合键，可快速地在电脑中添加的所有输入法之间进行切换。

拓展学习 | 怎么做可以更改输入法列表的排列顺序

输入法列表中的顺序就是"文本服务和输入语言"对话框中各种输入法的顺序，如果想改变输入法的排列顺序，可通过单击"已安装的服务"列表框右侧的"上移"或"下移"按钮改变输入法列表中的排列顺序。

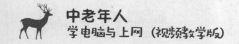
2.4.3 把常用的输入法设为默认的

对于中老年朋友来说，切换输入法其实很麻烦。可以将最常用的输入法设置为系统默认的输入法，这样每次开机后就直接进入默认输入法状态。

[跟我学] 将常用的输入法设为默认

设置默认输入法的操作很简单，打开"文本服务和输入语言"对话框，在对话框的"常规"选项卡下的"默认输入语言"栏中显示了当前默认的输入法。❶单击此输入法按钮，❷在弹出的下拉列表中选择自己常用的语言作为默认输入语言，❸单击"确定"按钮关闭对话框。如图2-36所示。

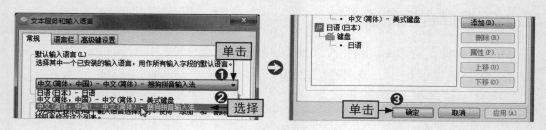

图2-36

2.4.4 学习拼音打字

拼音输入法就是用拼音拼写汉字，并通过输入法将拼写的汉字输入指定位置。目前，常用的拼音输入法很多，如搜狗输入法、QQ输入法和2345王牌拼音输入法等。这些输入法的使用方法相似，这里以2345王牌拼音输入法为例，讲解具体的拼音打字操作。

[跟我做] 在便笺中使用输入法输入"中老年人"

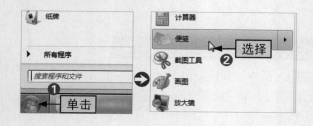

> **步骤01**
>
> ❶单击"开始"按钮打开开始菜单，❷选择"便笺"命令启动便笺程序。

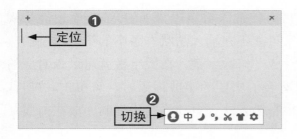

步骤02

❶移动鼠标光标，在合适的位置定位文本插入点，❷将输入法切换到2345王牌拼音输入法。

拓展学习 | 认识文本插入点

在前面的学习中，我们已经接触到了文本插入点，即形状为"|"的鼠标光标状态，只有在这种情况下才可以在当前位置输入内容（文字、数字或字母等）。无论在哪里输入内容，在当前文本插入点位置录入内容后，文本插入点会自动向右移动，直到这一行的末尾，接着文本插入点就会自动跳转到下一行的行首，中老年朋友可以继续输入内容。

步骤03

输入拼音"zhong"，程序会自动显示该拼音对应的所有文字。

步骤04

按空格键将输入法状态条中的第一个字输入便笺中。

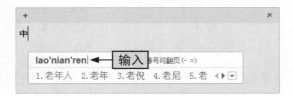

步骤05

2345王牌拼音输入法可以自动识别词组，如输入拼音"laonianren"。

步骤06

按空格键或者【1】键即可输入"老年人"词组。

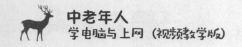

使用拼音输入法时，有的汉字可直接输入首字母，如输入"z"也能识别时"中"字，只不过此时的"中"字可能不在输入法状态条中的第一个字的位置。输入法状态条上的每一个文字对应一个数字键，按数字键就可录入对应的文字，当输入法状态条的当前页没有我们需要的字或词语时，可单击▶按钮往后翻页。对于经常使用的字或词，拼音输入法会自动将其排列顺序放在前面。

技巧强化 | 用拼音输入法的手写功能输入不会拼读的汉字

有的中老年朋友不会拼读，或者不认识生僻的文字，此时就无法利用拼音来输入文字，但我们可以用拼音输入法的手写功能来解决这样的问题。需要注意的是，不是所有拼音输入法都有手写功能，以搜狗输入法为例，❶单击输入法状态条上的"搜狗工具箱"按钮，❷在打开的工具箱中直接单击"手写输入"图标按钮启动手写输入功能，如图2-37所示。❸在打开的"手写输入"面板的左侧，拖动鼠标写出不会拼读的汉字，❹将鼠标光标移动到面板右侧列表中所需的汉字上面，选择该字即可输入文本插入点处，如图2-38所示。中老年朋友在手写汉字过程中，单击"手写输入"对话框左下角的"退一笔"按钮可以逐步撤销已经写好的部分；而单击"重写"按钮可以一次性清除已经写好的汉字的所有笔画。

图2-37　　　　　　　　　　　　　　　　　图2-38

2.4.5 使用语音输入功能录入汉字

有些输入法还自带语音输入功能，中老年朋友如果对拼音不太熟悉，这时就可以使用语音输入功能轻松输入汉字了。语音输入有识别功能，操作很简单。下面以搜狗输入法为例讲解使用语音输入功能录入汉字。

[跟我做] 使用语音输入功能在记事本中录入文字

插入带麦克风的耳机

步骤01

将带麦克风的耳机插入电脑主机上对应的接口中，一般是淡绿色插孔。也可以直接将麦克风插入粉红色插孔。

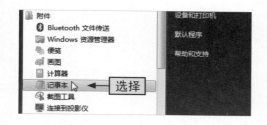

步骤02

单击桌面左下角的"开始"按钮，在"开始"菜单中选择"附件"中的"记事本"选项，打开记事本。

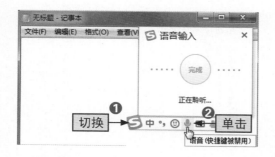

步骤03

❶将输入法切换到搜狗输入法，❷单击输入法工具条上的"语音"按钮，系统会打开"语音输入"对话框，显示"正在聆听"。

步骤04

❶直接说出要写的文字，如"中老年人"，稍等约两秒即可看到记事本中自动输入了这4个字。❷单击"完成"按钮可结束语音输入操作。

第3章

电脑中的文件和软件的管理

学习目标

当中老年朋友使用电脑一段时间后，电脑中可能会多出一些文件和软件。管理好这些文件和软件的存储，可以有效节省电脑的存储空间，让文件放置得井井有条，同时还能有效防止软件安装过多拖慢电脑运行速度的情况发生。

要点内容

- 文件和文件夹的基本操作
- 如何还原误删的文件
- 几种重要的文件显示方式
- 进入"计算机"后搜索文件
......

- 大文件的压缩和解压
- 当电脑内存不足时用网盘保存文件
- 进入控制面板，卸载不需要的软件
- 修复无法正常使用的程序
......

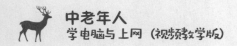

3.1 文件与文件夹的简单管理操作

 爷爷，您的文件怎么都放在一堆了，这样您要用的时候会花很多时间来找。您应该创建一些有名称的文件夹，把同一类型的文档放在一个文件夹中。

 哦~是吗？你如果不说的话我还真是没有这方面的认识呢，是的，东西多了需要学会进行整理。

大多数人在使用电脑时不注意文件和文件夹的管理，导致一个文件夹里的文档混杂，要使用的时候很难快速找到目标文档。尤其对于中老年人来说，记忆力减退后更难记住文档的保存位置，所以更需要做好文件和文件夹的管理。

3.1.1 认识文件和文件夹的区别

文件是有具体内容或用途的文档，电脑中有多种不同用处的文件，如数据文件、文本文件和图像文件等。文件夹是用来放置文件的"包"，可以分成很多级，即文件夹中可以存放文件夹。就像我们外出时背的背包，背包里面可能还有其他口袋，口袋里装了具体的东西，此时这些具体的东西就相当于文件，而书包和口袋就相当于文件夹。

[跟我学] 文件与文件夹的不同之处

● **组成结构不同** 文件的组成结构一般包括文件图标、文件名称和扩展名，其中，文件图标是文件组成结构中最显眼的部分，中老年朋友可将其看成一张图片，如软件图片和文件缩略图；文件名称即文件的名字；扩展名用来标识文件的类型，它不能人为设定，由系统自动识别并标识，如图3-1所示。文件夹的组成结构只有文件夹图标和文件夹名称，且默认的图标只有一种样式，如图3-2所示。

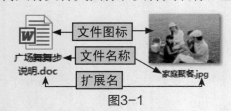

图3-1

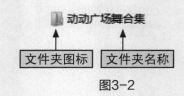

图3-2

● **类型不同** 文件类型主要通过文件的扩展名来进行区别，而文件夹没有类型之分，所有文件夹的"长相"都一样。在Windows 7操作系统中，扩展名不区分大小写，中老年朋友在日常生活中可能遇到的文件类型如表3-1所示。

表3-1

扩展名	类型（涉及软件）	扩展名	类型（涉及软件）
.docx	Word 2016文档（Office 2016）	.xlsx	Excel 2016文档（Office 2016）
.txt	纯文本（记事本、写字板和Word）	.pptx	PowerPoint 2016文档（同上）
.exe	程序文件（对应软件直接运行）	.mp3	音频文件（各类音乐或音频播放器）
.avi	视频文件（视频播放器）	.jpg	图形文件（照片查看器、画图等）
.html	网页文件（浏览器）	.gif	图形文件（浏览器等相关软件）
.rar	压缩文件（WinRAR）	.bak	备份文件（相关软件）

技巧强化 | 如何科学管理文件与文件夹

管理文件和文件夹是有章可循的，中老年朋友只要遵循如图3-3所示的要求，就能使电脑中的文件和文件夹变得井然有序。

命名要规范

文件或文件夹的名称可以准确告知中老年朋友该文件或文件夹的内容，所以为它们命名时一定要科学、严谨、规范、贴切且容易理解。

存放位置要合理

首先划分电脑中各个磁盘的存储内容，比如C盘存放系统文件和一些不得不安装在其中的程序文件，D盘存放一些自己下载安装的应用程序等，E盘和F盘可根据自身需要进行分类存放。在每个盘存放文件和文件夹的过程中，还可对文件和文件夹进行分类存放。

定期清理文件

电脑使用时间越长，里面存放的文件和文件夹越多，尤其是一些临时文件，即使日常做好了文件的保存管理工作，也需要定期清理。未归类的归类处理；无用的从电脑中删除；位置放错的更改存放位置等。

图3-3

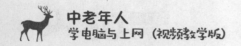

3.1.2 文件和文件夹的基本操作

文件和文件夹的基本操作包括新建、重命名、移动、复制和删除等，掌握这些操作才能管理好文件与文件夹。

1.文件与文件夹的新建

如果中老年朋友需要按类别存储文件，则需要新建一个文件夹，具体操作方法有如下两种。

[跟我学] 新建文件和文件夹的两种方法

● **通过命令按钮新建** 在Windows 7中，中老年朋友可以直接在需要新建文件夹的窗口中单击工具栏中的"新建文件夹"按钮，系统会自动在当前窗口新建一个空白文件夹（此时可直接修改文件夹名称），如图3-4所示。

图3-4

● **通过快捷菜单新建** ❶中老年朋友可在需要新建文件夹的窗口的工作区空白位置或桌面空白位置右击，❷在弹出的快捷菜单中选择"新建"命令，在其子菜单中选择"文件夹"命令即可（如果要新建文件，此时应选择"Microsoft Word文档"、"记事本文档"等其他命令），如图3-5所示。

图3-5

2.文件与文件夹的重命名

中老年朋友通过上述操作新建的文件或文件夹，系统默认名称为"新建×× 文档"或"新建文件夹"。所以，要管理好这些文件和文件夹，需要对其进行重命名。具体方法有3种。

[跟我学] 给文件和文件夹重命名的3种方法

● 通过两次单击进行重命名 ❶将鼠标光标移动到文件或文件夹处，❷两次单击（注意这里不是双击操作）文件或文件夹名称，此时文件或文件夹名称变为可编辑状态，❸中老年朋友可直接输入新名称，❹输入完毕后单击窗口任意位置或按【Enter】键均可成功重命名，如图3-6所示。

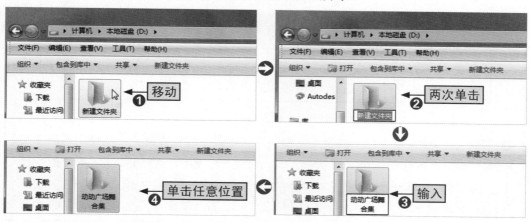

图3-6

● 通过快捷菜单进行重命名 ❶直接在文件或文件夹的图标上右击，❷在弹出的快捷菜单中选择"重命名"命令，此时文件或文件夹的名称会变为可编辑状态，后续操作参照上一种重命名方法，如图3-7所示。

● 通过快捷键进行重命名 直接用鼠标选择需要重命名的文件或文件夹，然后在选中状态下按【F2】键，即可进入文件或文件夹名称的可编辑状态，再输入新名称即可，如图3-8所示。

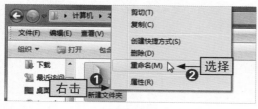

图3-7

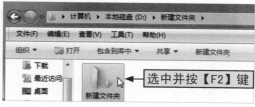

图3-8

技巧强化｜同时为多个文件重命名

要想同时为多个文件重命名，首先要学会如何选择多个文件，这分为两种情况：一是选择多个连续的文件；二是选择多个不连续的文件。具体方法如图3-9所示。

选择多个连续的文件

先用鼠标选中需要选择的第一个文件，然后按住【Shift】键不放，同时用鼠标选择需要连续选择的最后一个文件，此时两个文件及其之间的所有文件都会被选中，窗口状态栏中也会显示出选中的文件总个数。如果要选择的所有文件位于一个比较规则的区域，如矩形区域，则还可以按住鼠标左键不放，在窗口中拖出一块覆盖所有需要选择的文件的蓝色区域，也能同时选择多个连续文件。如果要选择某窗口中的所有文件，则可直接按【Ctrl+A】组合键实现全部选中。

选择多个不连续的文件

先用鼠标选中需要选择的第一个文件，然后按住【Ctrl】键不放，同时用鼠标依次选择其他文件即可选择多个不连续的文件。

图3-9

❶在成功选择多个文件或文件夹后，❷利用快捷菜单或快捷键（不能使用两次单击操作）使文件名称进入可编辑状态，输入新名称，❸单击窗口其他任意位置或按【Enter】键就可实现同时为多个文件重命名。需要注意的是，此时这些文件或文件夹的名称会带有数字序号（Windows 7中文件或文件夹的名称是唯一的），如图3-10所示。

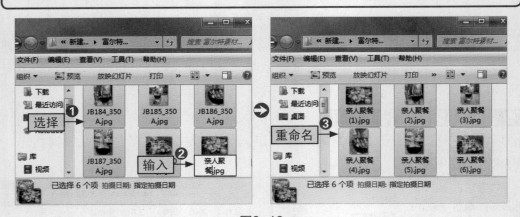

图3-10

3.文件与文件夹的移动和复制

移动文件或文件夹就是将文件或文件夹从当前存放位置移动到另一个存放

位置，然后在原位置删除该文件。复制文件或文件夹是为某个存放位置的文件
或文件夹创建一个副本文件，而该文件或文件夹依然存放在原来的位置。移动
和复制文件或文件夹的方法有3种。

[跟我学] 移动或复制文件和文件夹的3种方法

● **通过快捷菜单移动或复制** ❶直接在需要移动或复制的文件或文件夹图
标上右击，❷若要移动文件或文件夹，则在弹出的快捷菜单中选择"剪切"
命令，若要复制文件或文件夹，则选择"复制"命令，❸在目标位置处右击，
❹在弹出的快捷菜单中选择"粘贴"命令，如图3-11所示。

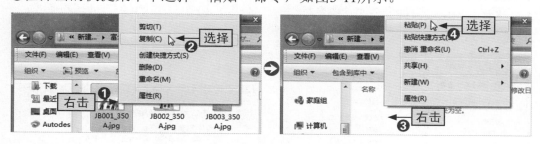

图3-11

● **拖动鼠标进行移动或复制** 拖动鼠标进行移动或复制时有两种情况，一
是同一窗口中移动或复制，二是不同窗口之间进行移动或复制。❶选择需要移
动或复制的文件或文件夹，❷按住鼠标左键不放，将其拖动到另一窗口中时释
放鼠标（该操作只有在不同窗口之间才能进行，同一窗口之中无法实现），如
图3-12所示。如果拖动过程中按住【Ctrl】键，就是复制文件或文件夹，在同
一窗口中拖动时按住【Ctrl】键，会在当前窗口中产生副本文件。

图3-12

● **使用快捷键移动或复制** 中老年朋友可以直接选择需要移动或复制的文
件或文件夹，按【Ctrl+X】组合键就可剪切文件或文件夹，按【Ctrl+C】组合

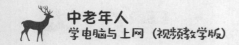

键就可复制文件或文件夹，但不要忘了，最后还要在目标位置按【Ctrl+V】组合键执行粘贴操作，实现文件或文件夹的移动或复制。

4.文件和文件夹的删除

当中老年朋友发现自己的电脑中存在无用的文件或文件夹时，就需要将其删除，为电脑腾出空间。具体有3种方法。

[跟我学] 删除文件和文件夹的3种方法

● **通过快捷菜单删除** 选择需要删除的一个或多个文件或文件夹，❶右击，❷在弹出的快捷菜单中选择"删除"命令，❸在打开的提示对话框中单击"是"按钮确认删除，如图3-13所示。

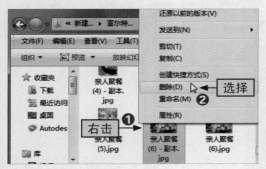

图3-13

● **通过快捷键删除** 选择需要删除的文件或文件夹后按【Delete】键，在打开的提示对话框中单击"是"按钮就可以删除文件（单击"否"按钮可以取消删除操作）。

● **通过菜单栏删除** ❶选择需要删除的文件或文件夹，❷单击窗口中的"文件"菜单项，❸在弹出的下拉菜单中选择"删除"命令，如图3-14所示。在打开的提示对话框中单击"是"按钮确认删除文件。

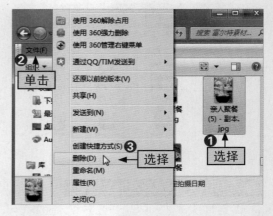

图3-14

技巧强化 | 如何彻底删除文件

中老年朋友要注意，按照前述操作删除的文件都放置在电脑回收站中，即仍然保留在电脑中。要想删除的文件或文件夹彻底地从电脑中消失，还需要通过如下两种方法进行彻底删除。

● **通过回收站彻底删除** 此方法又分为四种：一是在电脑桌面上的"回收站"图标上右击，在弹出的快捷菜单中选择"清空回收站"命令；二是打开回收站窗口，单击"清空回收站"按钮；三是在回收站窗口中单击"文件"菜单项并选择"清空回收站"命令；四是右击回收站窗口的工作区的空白位置，在弹出的快捷菜单中选择"清空回收站"命令，如图3-15所示。

● **使用快捷键彻底删除** ❶中老年朋友为了节省时间可直接选择需要彻底删除的文件或文件夹，然后按【Shift+Delete】组合键，❷在打开的提示对话框中单击"是"按钮即可彻底删除文件或文件夹，如图3-16所示。

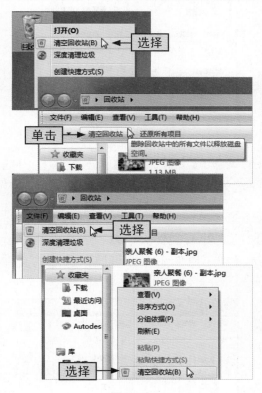

图3-15

图3-16

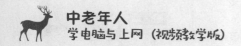
3.1.3 如何还原误删的文件

误删的文件能够还原的情况必须是该文件还存在于电脑的回收站中，如果中老年朋友已经清空了回收站，则之前误删的文件将不能还原。所以，清空回收站的操作一定要谨慎。

[跟我学] 还原误删文件的3种方法

● **通过工具栏还原** 打开回收站窗口，❶选择需要还原的文件或文件夹，❷单击工具栏中的"还原此项目"按钮即可将该文件或文件夹还原到原来的位置，如图3-17所示。打开回收站窗口时，默认为"还原所有项目"按钮，如果选择多个文件或文件夹，则为"还原选定的项目"按钮，如图3-18所示。

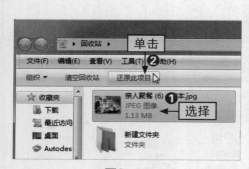

图3-17

图3-18

● **通过菜单栏还原** ❶选择需要还原的文件或文件夹，❷单击菜单栏中的"文件"菜单项，❸在弹出的下拉菜单中选择"还原"命令即可还原选定的文件或文件夹，如图3-19所示。

● **通过快捷菜单还原** ❶选择需要还原的文件或文件夹，❷右击（必须在蓝色区域进行），❸在弹出的快捷菜单中选择"还原"命令即可还原选定的文件或文件夹，如图3-20所示。

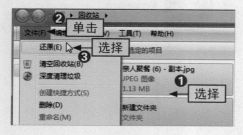

图3-19

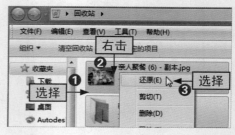

图3-20

3.1.4 几种重要的文件显示方式

电脑中的文件或文件夹有很多显示方式，中老年朋友可根据自己的喜好或需求自行设置文件或文件夹的显示与排列方式。

[跟我学] 文件的5种显示方式

● **图标显示** 图标显示方式又可分为4种，即超大图标、大图标、中等图标和小图标。其中，小图标无法显示缩略图，如图3-21所示。

● **列表显示** 该显示方式只将文件或文件夹的小图标和名称显示出来，适合文件较多的时候使用，如图3-22所示。

图3-21

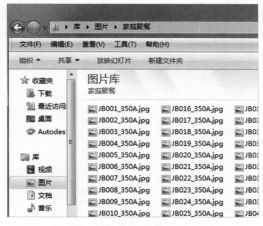

图3-22

拓展学习 | 列表显示与小图标显示的区别

列表显示方式按"先从上到下，再从左到右"的顺序对文件或文件夹进行排列；小图标显示方式按"先从左到右，再从上到下"的顺序对文件或文件夹进行排列。虽然两者都是显示图标和名称，但列表显示方式下的文件或文件夹的图标小于图标显示方式下的图标，因此，相同大小的窗口中，列表显示方式可以显示更多内容。

● **详细信息显示** 该显示方式比较实用，大多数人都会选择该方式显示文件或文件夹，它包含文件或文件夹的图标、名称、日期、类型和占用内存大小等信息，如图3-23所示。

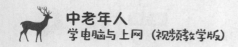

平铺显示 该显示方式也可以显示文件或文件夹的图标、名称、类型和占用内存大小等信息，但不能显示文件或文件夹的相关日期，如图3-24所示。

名称	日期	大小	分级
JB001_350A.jpg	2007-12-14 8:00	3,144 KB	☆☆☆☆☆
JB002_350A.jpg	2007-12-14 8:00	3,104 KB	☆☆☆☆☆
JB003_350A.jpg	2007-12-14 8:00	3,733 KB	☆☆☆☆☆
JB004_350A.jpg	2007-12-14 8:00	2,766 KB	☆☆☆☆☆
JB005_350A.jpg	2007-12-14 8:00	3,415 KB	☆☆☆☆☆
JB006_350A.jpg	2007-12-14 8:00	3,570 KB	☆☆☆☆☆
JB007_350A.jpg	2007-12-14 8:00	3,226 KB	☆☆☆☆☆
JB008_350A.jpg	2007-12-14 8:00	2,888 KB	☆☆☆☆☆
JB009_350A.jpg	2007-12-14 8:00	3,611 KB	☆☆☆☆☆
JB010_350A.jpg	2007-12-14 8:00	2,688 KB	☆☆☆☆☆

图3-23

图3-24

内容显示 该显示方式可将文件或文件夹的图标、名称、类型、尺寸大小和占用内存大小等信息都显示出来，但不会显示对应的日期，如图3-25所示。

	JB001_350A.jpg	类型: JPEG 图像 尺寸: 2950 x 2094	大小: 3.06 MB
	JB002_350A.jpg	类型: JPEG 图像 尺寸: 2950 x 2094	大小: 3.03 MB
	JB003_350A.jpg	类型: JPEG 图像 尺寸: 2094 x 2950	大小: 3.64 MB
	JB004_350A.jpg	类型: JPEG 图像 尺寸: 2950 x 2094	大小: 2.70 MB

图3-25

3.1.5 给文件重新排序

给文件或文件夹排序，可以使其显示得更有逻辑性，下面具体讲解给文件排序的方法。

[跟我学] 更改文件或文件夹的排列顺序

通过菜单栏排序 ❶在存放文件或文件夹的窗口中单击"查看"菜单项，❷在弹出的下拉菜单中选择"排序方式"命令，❸在其子菜单中选择需要的排序方式选项即可更改文件或文件夹当前的排序方式，如图3-26所示。

通过快捷菜单排序 ❶在存放文件或文件夹的窗口中的工作区空白位置右击，❷在弹出的快捷菜单中选择"排序方式"命令，❸在其子菜单中选择需要的排序方式选项，如图3-27所示。

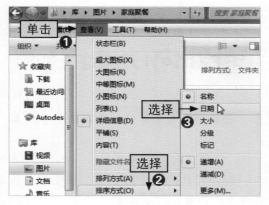

图3-26

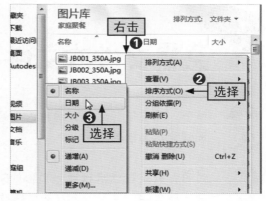

图3-27

技巧强化 | 给文件或文件夹分组

在Windows 7中，给文件或文件夹分组就是把文件或文件夹分门别类，这样可以更清楚地区分不同类型的文件或文件夹。具体操作如下。

❶在存放有文件或文件夹的窗口中的工作区空白位置右击，❷在弹出的快捷菜单中选择"分组依据"命令，❸在其子菜单中选择合适的分组方式选项即可对文件或文件夹进行分类，如图3-28所示。另外，还可❶单击"查看"菜单项，❷在弹出的下拉菜单中选择"分组依据"命令，❸在子菜单中选择合适的分组方式，如图3-29所示。

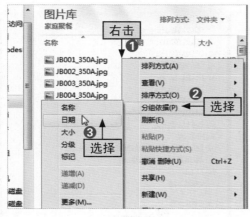

图3-28

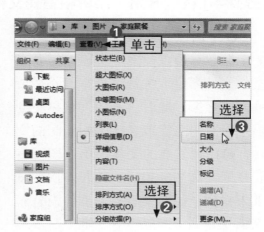

图3-29

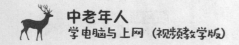

3.2 急需文件或文件夹时如何快速找到

爷爷，您在干什么呀？看您这么着急，是要找什么东西吗？您跟我说说，我应该能帮上您的忙。

对呀，我现在急需找到一个图片文件，但是这儿的文件太多了，隔壁你王爷爷在催我呢。你有什么方法可以教我快速找到我要的文件吗？

电脑使用时长越长，存储的东西就越多。有时我们会急需一些不常使用的且存放位置已经不记得的文件，为了能快速找到这些文件，中老年朋友需要学习快速查找文件的方法。

3.2.1 使用"开始"菜单直接搜索名字

中老年朋友可以通过"开始"菜单搜索目标文件，但该方法搜索的结果只包含已经建立索引（电脑中大多数文件都会自动建立，作用相当于图书的目录）的文件。

[跟我学] 在"开始"菜单中查找文件

❶单击"开始"按钮弹出"开始"菜单，❷在搜索框中输入需要查找的文件名字（关键字也行，不需要输入全名），此时"开始"菜单中会显示所有与名字或关键字相匹配的文件，❸找到需要的文件，单击即可将其打开，如图3-30所示。若多次尝试都未找到，说明要查找的文件没有建立索引，此时可单击"查看更多结果"按钮转入窗口进行查找。

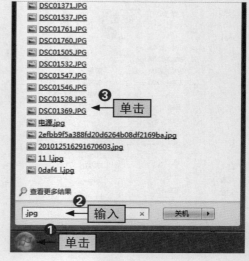

图3-30

3.2.2 进入"计算机"后搜索文件

如果中老年朋友记得急需的文件放在具体的本地磁盘中,可进入相应的磁盘进行搜索查找。

[跟我学] 在窗口中查找文件

进入文件所在的磁盘中,在打开的窗口中的搜索框中输入文件的名字或个别关键字,稍等片刻,窗口中会出现所有与文件名字或关键字向匹配的文件或文件夹选项(系统一般会用黄色底纹突出显示),如图3-31所示。

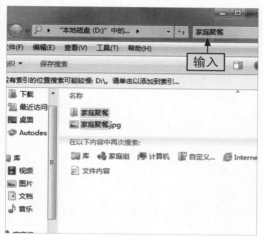

图3-31

拓展学习丨搜索筛选器

中老年朋友可以将文本插入点定位到图3-31所示的搜索框中,系统会自动弹出一个列表框,即搜索筛选器,如图3-32所示。在这里可以添加筛选器选项,这样也可以搜索到目标文件。

图3-32

3.3 文件的压缩、解压与保管

小精灵,你看这个文件怎么跟我们平时看到不太一样呢,我双击也不能直接打开,不知道怎么回事。

爷爷,这种文件是压缩文件,需要先进行解压缩后才可以打开,另外对于一些占用内存比较大的文件,咱们也可以将它压缩,方便存放。

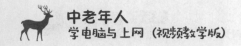
WinRAR是一个功能强大的压缩包管理器，可用于备份数据和文件、缩减电子邮件附件的大小以及解压RAR、ZIP或其他类型的压缩文件。当然，它也能新建RAR或ZIP格式的压缩文件。该压缩包管理器不是系统自带的，中老年朋友有需要时可以自行下载并安装。

拓展学习 | RAR格式与ZIP格式的区别

RAR格式的压缩文件可以保证很好的压缩率，对文件的破坏性较低，且可以进行分卷压缩，能压缩的文件几乎不受大小的限制。ZIP格式的压缩文件有很好的普及率，比如大部分网上压缩文件都是该格式，创建该格式的压缩文件的速度比RAR格式的速度快，但是需要压缩的文件的大小会受限制，即被压缩文件最大为4GB。

3.3.1 大文件的压缩和解压

中老年朋友在接收他人传送的大文件或者将某些大文件传送给他人时，或多或少都会涉及文件的压缩和解压操作。

1.压缩文件使传送速度更快

为了使某些大文件的传递速度变快，中老年朋友可以将这些大文件进行压缩后再传输。

[跟我做] 利用WinRAR压缩"家庭聚餐"文件

步骤01

❶在需要压缩的文件或文件夹图标上右击，❷在弹出的快捷菜单中选择"添加到压缩文件"命令。

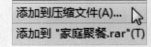

添加到压缩文件(A)...

添加到"家庭聚餐.rar"(T)

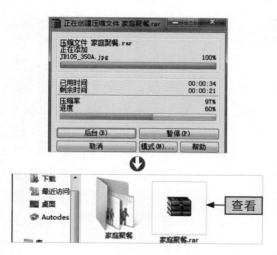

步骤02

❶在打开的"压缩文件名和参数"对话框中的"常规"选项卡下的"压缩文件名"文本框中输入压缩后的文件名称，❷在"压缩文件格式"栏中选择压缩格式，通过"压缩方式"下拉列表框选择压缩方式。这里的参数都保持默认设置，❸单击"确定"按钮。

步骤03

在打开的正在压缩的对话框中显示了压缩的进度和所需要的时间。待压缩完毕后，系统会自动关闭该对话框。返回到需要压缩的文件所在的位置，此时可以看到新建的压缩文件。

　　如果中老年朋友直接按默认参数压缩文件，则可以在步骤01的快捷菜单中选择"添加到'家庭聚餐.rar'"命令。

2.解压文件

　　在收到他人传送的RAR格式文件或ZIP格式文件时，需要对其进行解压操作，然后才能看到所有文件。

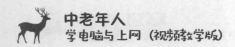

[跟我做] 利用WinRAR解压"家庭聚餐"文件

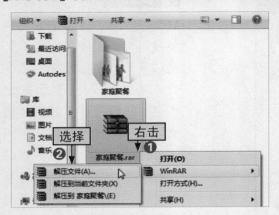

步骤01

❶找到需要解压的文件并在其图标上右击，❷在弹出的快捷菜单中选择"解压文件"命令。

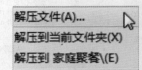

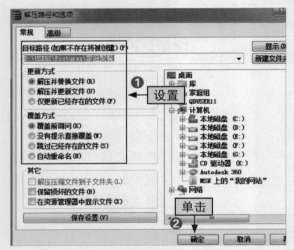

步骤02

❶在打开的"解压路径和选项"对话框中设置解压后的文件的保存路径和覆盖方式等参数，这里均保持默认设置，❷单击"确定"按钮。如果中老年朋友按默认参数解压文件，则可在步骤01的快捷菜单中直接选择"解压到当前文件夹"或"解压到家庭聚餐\"命令即可。

步骤03

在打开的正在解压对话框中显示了解压的进度和所需时间，待解压完成后，系统会自动关闭该对话框，返回需要解压的文件所在的位置，此时可以看到解压后的文件。由于该位置已经有一个名为"家庭聚餐"的文件夹，所以解压后的文件夹会自动更名。

3.3.2 当电脑内存不足时用网盘保存文件

电脑的内存足够大，一般不会出现内存不足的情况。但如果真的出现了内存不足的情况，中老年朋友可以将电脑里的文件保存到网盘中，在这之前，需要注册网盘账号，目前使用最为普遍的是百度网盘。

[跟我做] 将电脑中的"家庭聚餐"文件上传到百度网盘中

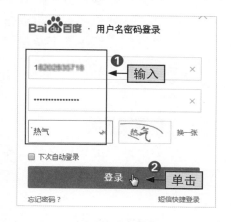

步骤01

在浏览器地址栏中输入网址"https://www.baidu.com/"进入百度首页，在页面右上角单击"登录"超链接，在打开的界面中单击"用户名登录"按钮，❶输入用户名、密码和验证码，❷单击"登录"按钮。

步骤02

将鼠标光标移动到账号处，❶在弹出的下拉菜单中选择"个人中心"选项，❷在打开的页面左上角单击"云盘"超链接。

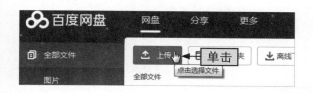

步骤03

在打开的页面中单击"上传"按钮。

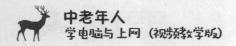
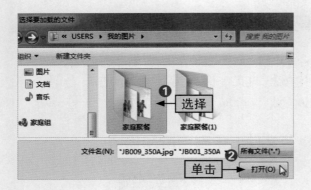

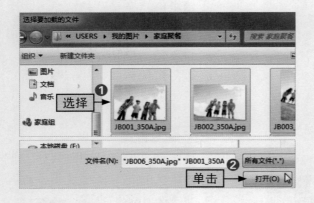

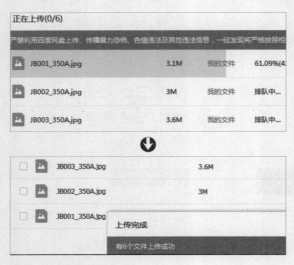

步骤04

❶打开"选择要加载的文件"对话框，在其中找到需要上传的文件或文件夹并选择（用IE浏览器打开的百度网盘不能直接上传文件夹），❷单击"打开"按钮。此处也可以直接双击文件夹图标而不需要单击"打开"按钮。

步骤05

❶选择要上传的文件，❷单击"打开"按钮。

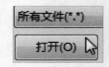

步骤06

在百度网盘页面的右下方就会出现一个界面，显示上传的进度、速度和文件的基本信息。待上传完毕后会提示上传成功的文件个数，同时在百度网盘中就能看到上传的文件。在上传过程中，中老年人发现上传了错误的文件，可随时暂停上传进度。

技巧强化 | 注册百度账号

要想利用百度网盘储存文件，必须要注册百度账号。具体的注册流程如下所示。

进入百度首页，单击"登录"超链接，❶在打开的界面中单击"立即注册"按钮，❷在新页面中填写用户名、手机号码和密码，❸单击"获取短信验证码"按钮，❹将手机收到的验证码输入"验证码"文本框中，❺选中"阅读并接受……"复选框，❻单击"注册"按钮，如图3-33所示。后续操作按照提示逐步进行即可成功注册。

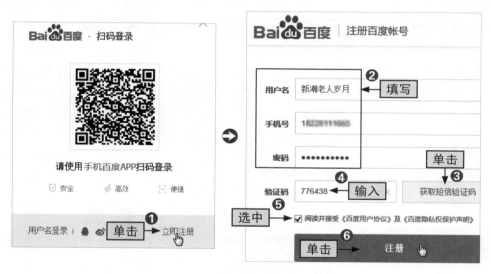

图3-33

3.4 利用控制面板管理电脑中的软件

 小精灵，听说电脑中的软件如果不再使用的话，可以把它从电脑中删除，是这样吗？

 是的，爷爷。我们一般将软件从电脑中删除的操作称为"卸载"。要达到这个目的有很多办法呢，比如利用电脑中的控制面板。

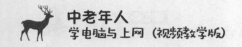
通过控制面板，中老年朋友可以对电脑中安装的软件进行卸载，或者修复无法正常使用的程序等。

3.4.1 进入控制面板，卸载不需要的软件

在控制面板窗口中会显示电脑中已经安装的所有软件和程序，在其中可以对它们进行相关操作。

[跟我做] 轻松卸载多余的SnagIt 7软件

步骤01

单击"开始"按钮，在"开始"菜单中选择"控制面板"命令，在打开的控制面板窗口中单击"程序和功能"超链接。

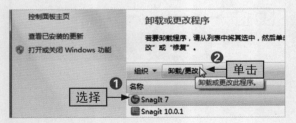

步骤02

❶在打开的窗口中选择需要卸载的软件，❷单击"卸载/更改"按钮。

拓展学习 | 右击也能卸载

在步骤02中，中老年朋友除了直接单击"卸载/更改"按钮达到卸载的目的之外，还可在选择需要卸载的软件后，❶在蓝色区域右击，❷在弹出的快捷菜单中选择"卸载/更改"命令，如图3-34所示。

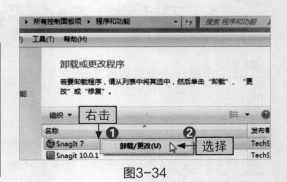

图3-34

大部分的软件或程序都自带了卸载程序，因此，除了利用控制面板卸载软件或程序外，我们还可以通过软件或程序自带的卸载程序进行卸载，另外，还可使用我们熟知的360软件管家进行软件或程序的卸载。这两种方法将在后面对应的章节进行详细讲解，这里不再赘述。

3.4.2 修复无法正常使用的程序

在使用电脑的过程中，中老年朋友可能会不小心误删一些程序或软件的相关文件，导致程序或软件无法正常使用。此时也可以利用控制面板进行修复。

[跟我学] 在控制面板中修复程序或软件

单击"程序和功能"超链接进入"控制面板/所有控制面板项/程序和功能"窗口，❶选择需要进行修复的程序或软件，❷单击"修复"按钮即可修复选中的程序或软件，如图3-35所示。同样，中老年朋友也可在选择需要修复的程序或软件后，❶在蓝色区域右击，❷在弹出的快捷菜单中选择"修复"命令，如图3-36所示。注意，无须修复的软件或程序，系统会自动识别，当被选择时，就不会出现"修复"按钮或相关命令。

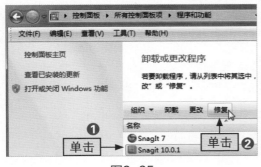

图3-35

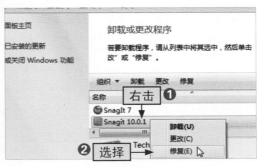

图3-36

04 第4章

用Word记录生活中的点滴

学习目标

Word是Office软件中的一个重要组件，其全称为Microsoft Office Word，是一个非常强大的文档处理工具，通过它可以对文字、表格及图片进行处理。本章将介绍一些Word的常用功能供中老年朋友学习和使用。

要点内容

- 认识Word 2016的工作界面
- 新建文档，撰写旅游中的见闻
- 对文档内容进行各种编辑操作
- 怎样改变字体和字号大小
- 让文字显示为喜欢的颜色
  ......

- 怎么用表格直观表达内容
- 为文章配上美美的图
- 给一些特殊的字词标注拼音
- 预览文档并打印
  ......

4.1

用Word文档记录旅游见闻

 小精灵，我要出门旅游了，在这之前我想学会使用Word，这样我就可以把旅途中听到的、看到的和想到的都记录下来，回来跟我的朋友们唠唠嗑儿。

 好的，爷爷。您想得真周到，我这就跟您讲讲Word的使用方法。

使用Word 2016不仅可以录入和处理文字，也能插入和处理图片与表格。但在这之前我们需要先了解Word的工作界面和一些简单的编辑操作。

4.1.1 认识Word 2016的工作界面

Word 2016的工作界面有快速访问工具栏、标题栏、功能区、"文件"选项卡、文档编辑区、状态栏和视图栏几大部分，如图4-1所示。

图4-1

[跟我学] Word 2016的界面组成部分及其作用

● **标题栏** 该区域显示了当前文档的名称，在最右侧还有1个超链接和4个按

钮，分别是"登录"超链接，"功能区显示选项"、"最小化"、"最大化
（向下还原）"和"关闭"按钮。

● **快速访问工具栏** 该区域以按钮的形式集合了一些常规操作，默认情况下
显示"保存"、"撤销"、"重复键入（即恢复）"和"自定义快速访问工具
栏"等按钮。中老年朋友可添加其他按钮到快速访问工具栏中，具体操作是：
❶单击"自定义快速访问工具栏"下拉按钮，❷在弹出的下拉列表中选择需要
显示在快速访问工具栏中的操作选项即可。已被选择的选项左侧会标记"√"
符号，表示该操作的命令按钮已添加到快速访问工具栏中，如图4-2所示。

● **"文件"选项卡** 该选项卡与Windows窗口中的"文件"菜单项类似，单
击"文件"选项卡将进入Word 2016的后台界面，其中罗列了Word中最常见的
设置选项和功能命令，如图4-3所示。各种选项和功能的作用如表4-1所示。

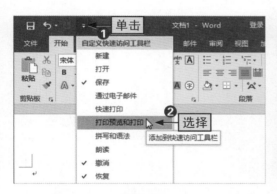

图4-2

图4-3

表4-1

选项内容	功能
"信息"选项卡	在该选项卡中可对文档进行保护文档、检查文档、管理文档及查看当前文档的属性信息等操作
"新建"选项卡	在该选项卡中可以新建文档，且新建的类型可以是空白文档，也可以是含有模板的文档
"打开"选项卡	在该选项卡中可以打开其他位置的文档，另外，在其右侧会显示最近打开过的文档信息
"保存"和"另存为"选项卡	这两个选项卡的功能相似，如果是首次对文档进行保存操作，则打开的都是"另存为"对话框；再次保存时，当前文档将覆盖之前保存的文档，而文档的保存位置不会发生变化

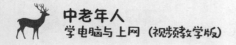

续表

选项内容	功能
"打印"选项卡	在该选项卡中可对当前文档进行打印前的设置，包括页面设置、打印份数和打印范围等
"共享"选项卡	在该选项卡中可设置当前文档与他人分享的方式，比如通过电子邮件作为附件发送给他人
"导出"选项卡	在该选项卡中可将当前文档以另存为的形式转化为其他格式的文档，比如PDF/XPS文件
"关闭"按钮	单击该按钮会关闭当前打开的文档
"账户"选项卡	在该选项卡中中老年朋友可以登录自己的Microsoft账户，登录后会享受更多的Word软件的功能
"反馈"选项卡	在该选项卡中可以向微软官方反映用户在使用Word过程中的感受，比如喜欢什么内容、不喜欢什么内容及建议等
"选项"按钮	单击该按钮会打开"Word选项"对话框，在这里可以对显示、保存、版式和加载项等进行设置

●●● **功能区** 该区域将具有共性或联系的操作整合在一起，以选项卡和按钮的形式呈现。每个选项卡中包含了很多组，每组中对应一些操作按钮。这里共有9个默认显示的选项卡，具体内容如表4-2所示。另外还有两个按钮，一个是"共享"按钮，单击它可打开"共享"对话框，其功能与"文件"选项卡中的"共享"选项卡的功能相同；另一个是"批注"按钮，单击它可为当前文档添加相应批注。

表4-2

选项卡	说明
"开始"	该选项卡中有剪贴板、字体、段落、样式和编辑等组，各个组中包含对文档进行常规处理的编辑操作
"插入"	该选项卡中有插入页面、表格、图片、加载项、媒体、链接、批注、页眉和页脚、文本以及符号等组，通过它们可在文档中插入所需的内容
"设计"	该选项卡中有文档格式和页面背景两个组，通过它们可对文档进行格式和效果等相应设置
"布局"	该选项卡中有页面设置、稿纸设置、段落和排列4个组，可对文档进行页面、纸张大小、分栏和段落缩进等进行设置
"引用"	该选项卡中有目录、脚注、信息检索、引文与书目、题注、索引及引文目录等组，可对目录、引文和书目等进行相应操作

续表

选项卡	功能
"邮件"	该选项卡中有创建、开始邮件合并、编写和插入域、预览结果及完成等组，可以创建信封和合并邮件
"审阅"	该选项卡中有校对、语音、可访问性、语言、批注、修订、更改、比较、保护、墨迹和OneNote等组，可进行拼音标注、语法检查及文档保护等操作
"视图"	该选项卡中有视图、页面移动、显示、显示比例、窗口、切换窗口、宏和SharePoint等组，可对文档进行显示方式和窗口排列等设置
"加载项"	该选项卡是Microsoft Office System程序添加的自定义命令和专用功能的补充程序，安装补充程序可添加自定义命令和功能，从而拓展Word的功能

● **文档编辑区** 该区域是Word 2016中主要的工作区，左侧和上方有标尺，用来设置和查看段落缩进、制表位、页面边界及栏宽等；右侧和下方分别是垂直滚动条和水平滚动条，拖动即可在当前窗口中显示文档其他位置的内容。

● **状态栏** 该区域显示当前文档的页面数、字数和输入状态等信息。

● **视图栏** 该区域显示当前文档的视图模式和页面的缩放比例等信息。

4.1.2 新建文档，撰写旅游中的见闻

当下的中老年人已经跟上时代的步伐，喜欢出门旅游来丰富生活、增加阅历。有想法的中老年朋友还会将旅游过程中的所见所闻记录下来，意在保存珍贵的记忆。而他们中的大多数人都会选择使用Word来记录旅游中的点滴。下面以新建一个"云南旅游见闻"文档为例，讲解Word的相关操作。

[跟我做] 用Word记录云南旅游过程

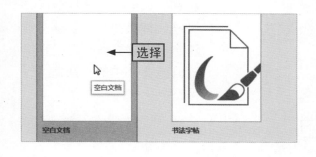

步骤01

通过"开始"菜单可启动Word 2016，在打开的界面中选择"空白文档"选项新建一个空白的Word文档。

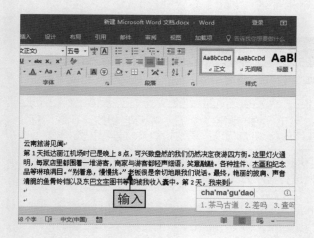

步骤02

按照键盘、鼠标和输入法的使用方法，在文本插入点（不断闪烁的小竖线）位置输入文本。在输入过程中如果遇到特殊符号，则可通过"插入"选项卡下的"符号"组选择所需要的符号。

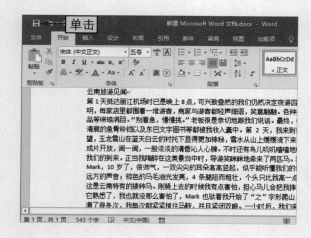

步骤03

相关文字内容输入完毕后，需要保存当前文档。单击快速访问工具栏中的"保存"按钮。此时也可以按【Ctrl+S】组合键。

步骤04

程序会自动切换到"另存为"选项卡，单击"浏览"按钮。如果通过快捷键保存文档，即按【F12】键，则不会出现该界面，而是直接打开步骤05中的对话框。

步骤05

❶在打开的"另存为"对话框中设置文档的保存位置，❷在"文件名"下拉列表框中输入文档的名称，❸单击"保存"按钮。返回到Word文档中时可以看到文档的名称发生了变化。

云南旅游见闻.docx...

技巧强化 | 其他方式新建空白文档

方法一：使用Word 2016打开电脑中的某一个文档，❶单击"文件"选项卡，❷在打开的界面单击"新建"选项卡，在界面右侧会出现步骤01中的空白文档选项，选择"空白文档"选项即可创建Word空白文档，如图4-4所示。

方法二：❶在桌面或者其他窗口中的空白位置右击，❷在弹出的快捷菜单中选择"新建"命令，❸在其子菜单中选择"Microsoft Word文档"选项即可新建一个Word空白文档，如图4-5所示。

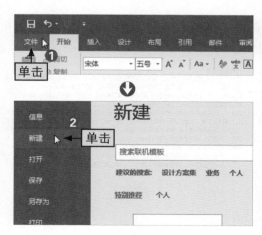

图4-4

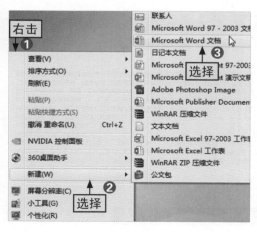

图4-5

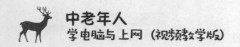
4.1.3 对文档内容进行各种编辑操作

在文本编辑过程中，我们常常会用到的操作有选择文本、插入和删除文本、查找和替换文本以及移动和复制文本等。

1.选择文本

中老年朋友在撰写旅游见闻时难免会修改一些内容，此时会涉及文本的选择，主要有如下几种情况。

[跟我学] 选择不同内容的文本

● **选择连续文本** 将文本插入点移动到需要选择的文本的左侧或右侧，按住鼠标左键不放并拖动，将鼠标光标经过的文本选中，如图4-6所示。

● **选择不连续文本** 按照选择连续文本的方法选择第一个文本后，再按住【Ctrl】键不放，拖动鼠标继续选择其他文本，如图4-7所示。

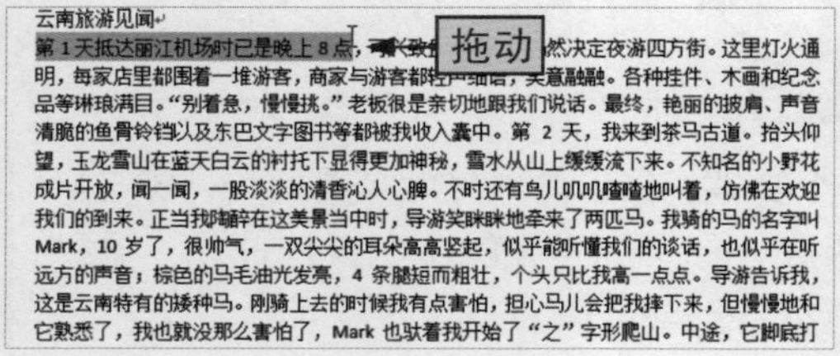

图4-6

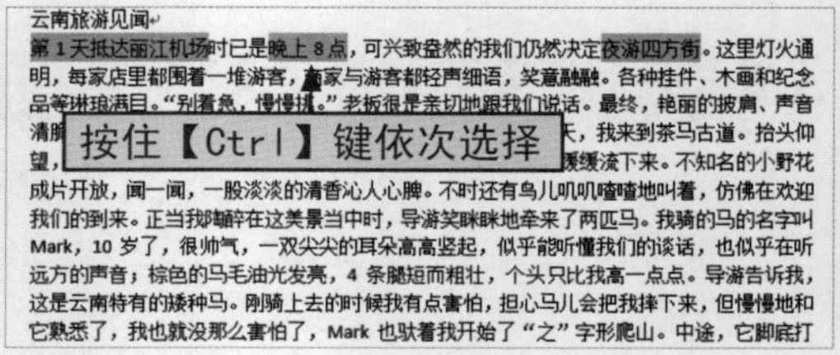

图4-7

● **选择一个区域的文本** 按住【Alt】键不放，拖动鼠标画一个矩形区域就可以选中该区域的文本，如图4-8所示。

● **选择整个段落** 将鼠标光标移动到需要选择的段落的最左侧，当其变为向右倾斜的箭头时双击即可选中该段落，如图4-9所示。

图4-8

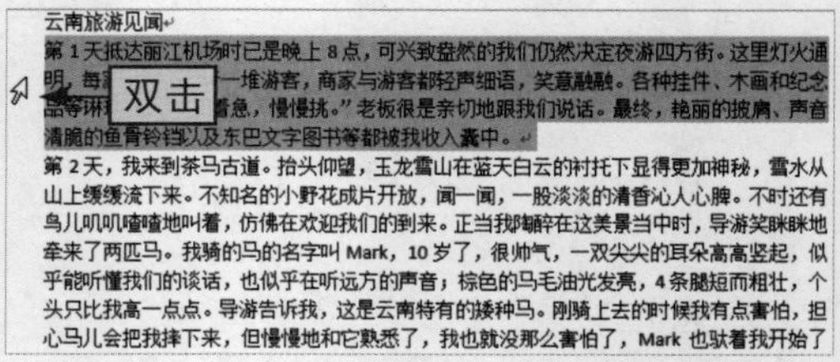

图4-9

● **选择一行的文本** 按照选择整个段落的方法进行，区别在于，当鼠标光标变为向右倾斜的箭头时，单击即可选中该行的内容，如图4-10所示。

● 选择文档的所有内容 将文本插入点定位到文档任意位置，按【Ctrl+A】组合键即可选择文档的所有内容，如图4-11所示。

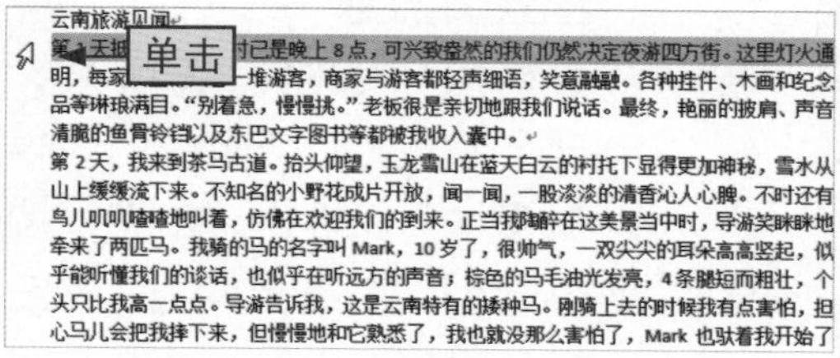

图4-10

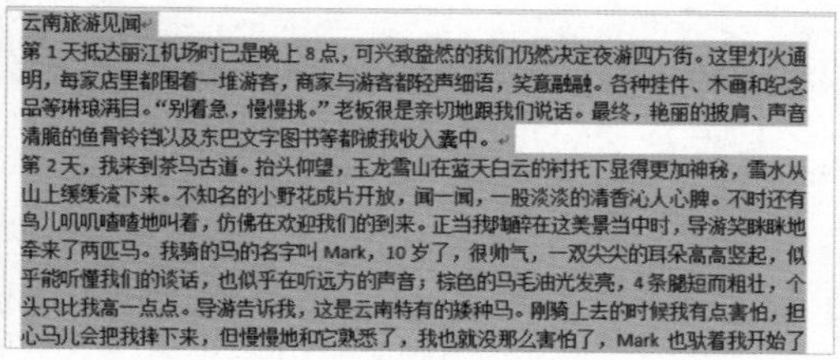

图4-11

2.插入与删除文本

插入与删除文本是两个结果相反的操作，下面具体对插入和删除文本的各种操作进行介绍。

[跟我学] 在文档中插入或删除内容

如果要在文档中添加文本（即插入文本），直接将文本插入点定位到某个位置，切换到熟悉的输入法即可插入文本，如图4-12所示。如果要删除文本，可将文本插入点定位到需要删除的文本末尾，按【Backspace】键删除文本插入点左侧的文本；将文本插入点定位到需要删除的文本前面，按【Delete】键删除文本插入点右侧的文本，如图4-13所示。如果删除的文本较多，则先选择需要删除的文本，然后按【Backspace】键或【Delete】键进行删除。

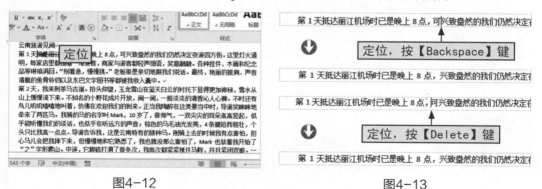

图4-12

图4-13

3.快速查找文本并进行跳转

如果中老年朋友感觉自己撰写的文本中有错误，且能大概估计错误的内容是什么，但不知道位置在哪儿，此时我们就需要使用快速查找功能来进行定位。下面介绍具体的查找步骤。

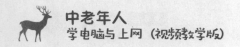

中老年人
学电脑与上网（视频教学版）

[跟我做] 在文档中找出"我们"文本

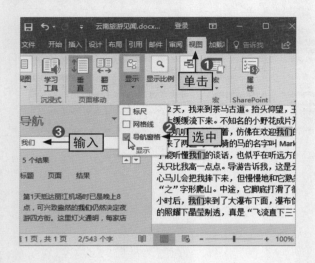

步骤01

❶单击"视图"选项卡，❷选中"显示"组中的"导航窗格"复选框（或直接按【Ctrl+F】组合键），❸在打开的窗格中输入待查文字后，所查的内容就会以黄色底纹的形式突出显示在文档中。

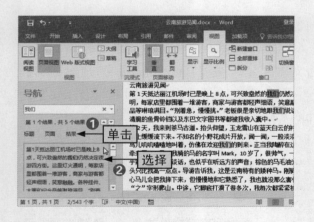

步骤02

❶在搜索结果列表中单击"结果"按钮，程序会自动切换到包含搜索关键字在内的段落列表，❷选择某一个结果即可快速跳转到所在的段落进行查看（该处的"我们"文本的黄色会比其他位置的"我们"文本的颜色更深）。

4.替换文本

当通过查找的方式找出相关文本，且经过查看确认文本错误后，就需要对其进行修改。但有时需要修改的相同的内容很多，依次修改会很麻烦，此时就要用到Word的替换功能。下面介绍替换文本的操作步骤。

[跟我做] 将"又可"文本替换为"游客"文本

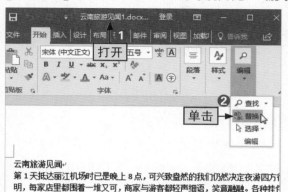

步骤01

❶打开素材文件，❷在"开始"选项卡的"编辑"组中单击"替换"按钮（也可直接按【Ctrl+H】组合键），此时将打开"查找和替换"对话框，并已切换到"替换"选项卡。

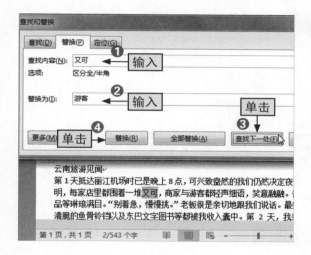

步骤02

❶在"查找内容"文本框中输入需要被替换的内容，这里输入"又可"文本，❷在"替换为"文本框中输入替换成的内容，这里输入"游客"文本，❸单击"查找下一处"（如果确认所查内容确实需要全部替换，此处可直接单击"全部替换"按钮），❹确认需要替换后再单击"替换"按钮。

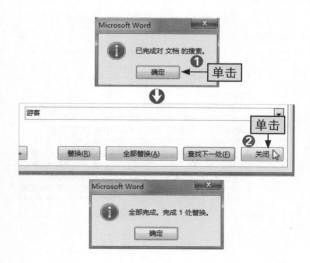

步骤03

程序会自动进行替换。如果是依次查看后替换，❶最终会提示"完成对文档的搜索"，此时单击"确定"按钮，❷返回"查找与替换"对话框单击"关闭"按钮完成所有操作。如果是直接全部替换，则最终会提示"全部完成。完成×处替换"。

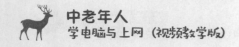

5.移动和复制文本

在第3章介绍的利用快捷键和快捷菜单移动和复制文件或文件夹的方法，同样适用于移动与复制文本。除此之外，在Word中还有其他一些特殊且简便的方法，来完成移动和复制文本，下面来进行具体讲解。

[跟我学] 用简便方法移动文本

● **通过功能区按钮移动文本** ❶选择需要移动位置的文本，❷在"开始"选项卡的"剪贴板"组中单击"剪切"按钮（如果是复制文本，则单击"复制"按钮），❸将文本插入点定位到目标位置，❹单击"粘贴"下拉按钮，❺选择相应的粘贴方式即可，如图4-14所示。

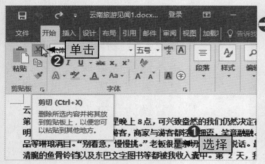 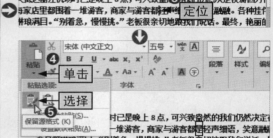

图4-14

拓展学习 | 各个粘贴选项的含义

在Word 2016中，文档的粘贴格式有4种。"保留源格式"指让粘贴的文本保留复制或剪切之前的格式；"合并格式"指粘贴的文本运用粘贴位置的格式；"图片"指粘贴的文本以图片的形式插入目标位置；"只保留文本"指粘贴的文本只保留文本内容本身而不保留原有格式，同时运用目标位置的格式。

● **拖动鼠标移动文本** ❶选择需要移动位置的文本，❷在选择的文本处按下鼠标左键不放，拖动鼠标，待到达目标位置时释放鼠标即可移动该文本。此时在状态栏中会显示当前正在进行的移动操作，如图4-15所示。如果拖动鼠标的过程中按住【Ctrl】键，则属于复制文本操作。

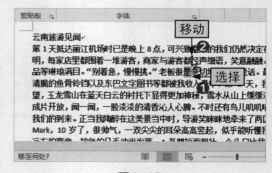

图4-15

如果中老年朋友是将其他文档中或网页中的文本内容粘贴到正在编辑的文档中，则被粘贴的内容都会默认保留源格式，此时需要手动调整其格式，以匹配当前文档的格式。

4.2 让文档内容看起来更赏心悦目

 小精灵，我想把旅游时照的一些照片放到Word文档中，可以实现吗？

 当然可以啊，爷爷。只通过文字可能无法形容您在旅游时候看到的风景的美，而更好描述"美"的方法就是将拍的照片插入文档中。

不仅图片可以增加文档的美观度，恰当的字体和段落格式也可以使整个文档看起来更加赏心悦目、易于阅读。

4.2.1 怎样改变字体和字号大小

在文档中使用不同的字体和字号，可以有效区分文档的各个部分，增强各部分之间的层级关系。

改变字体和字号大小，实际上就是设置文本的格式，具体方法有3种。

[跟我学] 设置文本格式的具体方法

● **通过功能区设置** 在功能区的"开始"选项卡的"字体"组中可以对字体、字号、字体颜色、字体大小和字体效果等进行设置，如图4-16所示。

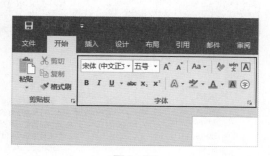

图4-16

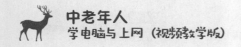
● **通过浮动工具栏设置** 在选择需要设置格式的文本时，会出现一个浮动工具栏，在其中也可以对文本格式进行各种设置，如图4-17所示。

● **通过"字体"对话框设置** ❶选择需要设置格式的文本，并在其上右击，❷在弹出的快捷菜单中选择"字体"命令（也可单击"开始"选项卡下"字体"组中的▣按钮），在打开的"字体"对话框中可以对当前选择的文本内容进行更详细的格式设置操作，如图4-18所示。

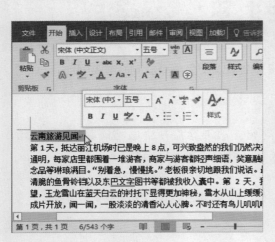

图4-17　　　　　　　　　　　　　　　　　　图4-18

　　下面通过修改文档标题的字体格式为例，讲解通过功能区设置字体与字号的格式。

[跟我做] 改变文档题目"云南旅游见闻"的字体和字号

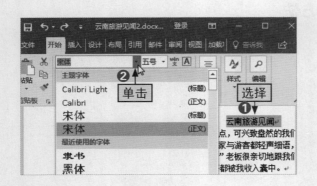

步骤01

打开素材文件，❶在其中选择标题文本，❷单击"字体"下拉列表框右侧的下拉按钮，弹出下拉列表框。

步骤02

❶拖动下拉列表框中的滑块，❷选择一种合适的字体，此时标题会相应改变字体格式。

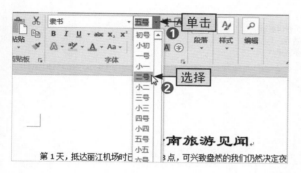

步骤03

❶保持标题文本选中状态，单击"字号"下拉列表框右侧的下拉按钮，❷选择一种合适的字号，此时标题会相应改变字号大小。

4.2.2 让文字显示为喜欢的颜色

在文档中，中老年朋友可以根据自己的喜好设置文字的颜色，让内容看起来更生动，也能发挥突出显示的作用。

[跟我做] 设置文档小标题文字的颜色

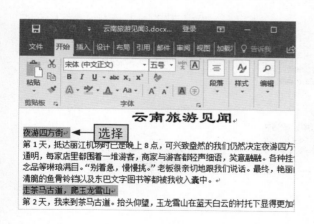

步骤01

打开素材文件，以"选择不连续的文本"的方法，选择需要设置字体颜色的小标题文本。

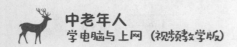
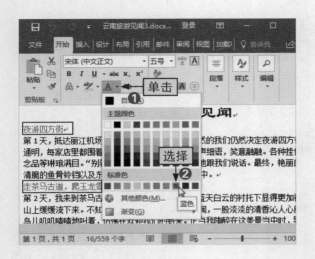

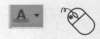

步骤02

❶单击"字体颜色"下拉按钮，❷选择一种喜欢的颜色。此时小标题的字体颜色将发生改变。

4.2.3 调整段落格式

　　段落的格式包括段落间距、行间距、段落对齐方式及段落缩进等，通过调整段落格式，让文档内容看起来疏密有致。

[跟我做] 对文档内容设置各种段落格式

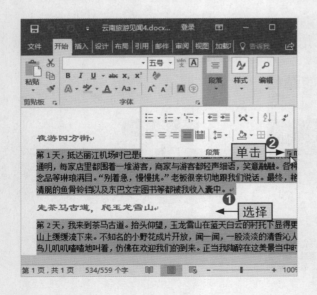

步骤01

打开素材文件，❶选择标题以外的所有文本，❷单击"开始"选项卡下"段落"组中的 按钮。在打开的"段落"对话框中自动切换到"缩进和间距"选项卡。

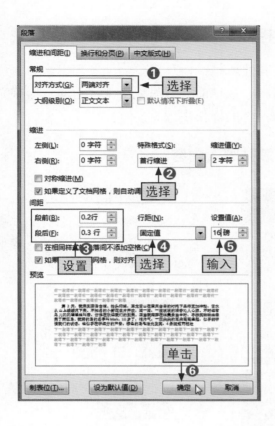

步骤02

❶在"常规"栏中设置文档的对齐方式（这里保持默认的"两端对齐"设置），❷在"缩进"栏中的"特殊格式"下拉列表框中选择"首行缩进"选项，"缩进值"数值框中会自动默认设置值，❸在"间距"栏中设置段落间距的段前和段后值，❹在"行距"下拉列表框中选择"固定值"选项，❺在"设置值"数值框中输入"16磅"文本。在"预览"栏中还能事先看到文本设置段落格式后的效果，❻单击"确定"按钮完成段落格式的设置操作。

拓展学习｜段落格式设置的补充说明

段落的对齐方式一般有5种，左对齐指段落中的文字沿水平方向向左对齐；右对齐指段落中的文字沿水平方向向右对齐；居中对齐指整个段落或整篇文章都在页面的中间显示；两端对齐指文档的每一行全部向页边距对齐，这时文字之间的距离会根据每一行字符的多少而自动分配；分散对齐指文字之间的间距靠近左右边距。

段落的缩进方式一般有4种，左缩进指设置整个段落距离左侧页边距的距离；右缩进指设置整个段落距离右侧页边距的距离；首行缩进指设置段落的第一行文本从左向右缩进的距离，而除第一行以外的其他各行文本的缩进格式保持不变；悬挂缩进指设置文本从左向右缩进的距离，一般是除第一行以外的其他各行文本。如果Word的工作界面中添加了标尺，中老年朋友还可直接利用鼠标光标拖动标尺上的滑块来调整段落的缩进。

在设置段落的格式时，除了通过"段落"对话框实现外，还可通过"开始"选项卡下的"段落"组中的各个按钮进行设置，但此时不能进行首行缩进和悬挂缩进的设置。

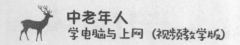

4.2.4 怎么用表格直观表达内容

在编辑文档的过程中，有很多内容性质相似，且需要全部罗列出来时，可以在文档中插入表格，使内容以更清晰、规律的方式呈现出来。下面以给旅游见闻文档添加旅游行程表为例，讲解具体的操作步骤。

[跟我做] 向文档中插入旅游行程表并填入内容

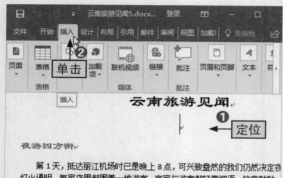

步骤01

打开素材文件，❶将文本插入点定位到目标位置，❷单击"插入"选项卡。

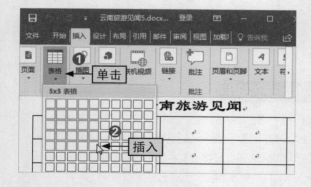

步骤02

❶单击"表格"按钮，❷在弹出的下拉菜单中的"插入表格"栏中移动鼠标光标，实时显示行列数，单击即可插入相应的行列数表格，这里插入5行5列的表格。

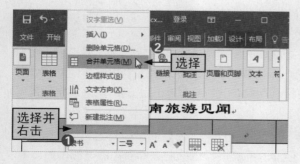

步骤03

❶选择表格第一行的5个单元格并在其上右击，❷在弹出的下拉菜单中选择"合并单元格"命令。

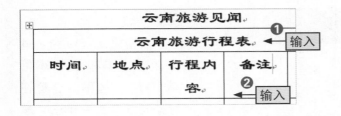

🔵 步骤04

❶在合并单元格后的表格第一行中输入"云南旅游行程表"文本，❷在表格第二行中依次输入相应的表头文本。

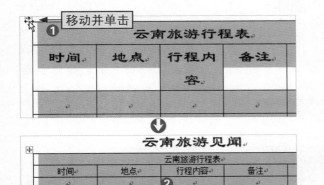

🔵 步骤05

❶将鼠标光标移动到⊞位置处，待其变成✥形状时单击，选择整个表格，❷按照设置文本格式的方法设置表格中的文本格式，将表格调整到合适的大小。

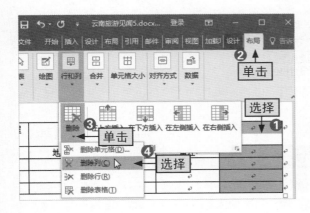

🔵 步骤06

❶拖动鼠标选择没有使用的列，❷单击"表格工具 布局"选项卡，❸在"行和列"组中单击"删除"下拉按钮，❹选择"删除列"命令即可删除多余的列。注意，删除之前要取消表格第一行的单元格合并。

🔵 步骤07

将鼠标光标移动到列线上，当其变为左右双向箭头时按住鼠标左键不放，向右拖动鼠标增大列宽。同理，用该方法调整表格的所有列宽和行高。

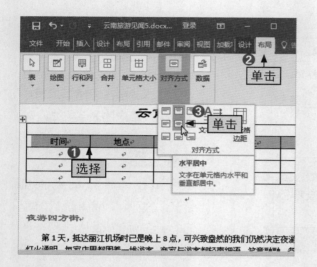

❶选择表格第二行中的所有文本内容，❷单击"表格工具 布局"选项卡，❸在"对其方式"组中单击"水平居中"按钮调整表头内容的对齐方式，其他各行的对齐方式也按这种方式进行调整。如果插入的表格本身自带的文本格式就符合要求，则不需要进行此步操作。

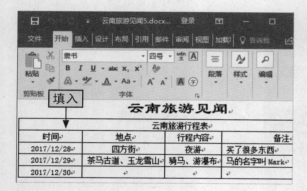

在旅行途中，我们就可以实时地向表格中填入相关内容，比如具体的旅游时间，对应的旅游地点、行程内容和备注说明。

拓展学习丨"表格工具"选项卡组

"表格工具"选项卡组不是文档功能区默认的选项卡，只有向文档中插入表格，或者选中文档中的表格时，程序才会自动启用这个选项卡组（包括"表格工具设计"和"表格工具布局"两个选项卡）。通过这个选项卡组，中老年朋友可以对插入的表格进行编辑。

4.2.5 为文章配上美美的图

在旅游见闻文档中，如果我们插入一些旅游时拍的照片，会让文档看起来更美观，降低纯文字文档的枯燥感。下面以为旅游见闻配上照片为例，讲解具体在文档中使用图片的操作。

[跟我做] 插入拍摄的照片给旅游见闻增添生趣

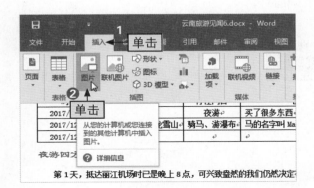

步骤01

❶打开素材文件，将文本插入点定位到文本的任意位置，单击"插入"选项卡，❷在"插图"组中单击"图片"按钮。

技巧强化 | 插入联机图片

在有些时候，我们可能插入的不是电脑本地磁盘中的照片，而是网上的图片，❶此时需要单击"插图"组中的"联机图片"按钮，❷在打开的窗口中的"必应"搜索框中输入要插入图片的关键字，按【Enter】键即可进入搜索结果页面，❸选择需要的图片，❹单击"插入"按钮即可插入该图片，如图4-19所示。

图4-19

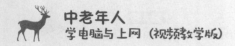

❶在打开的"插入图片"对话框中找到照片的存储位置，❷在中间的列表框中选择需要插入的照片，❸单击"插入"按钮。

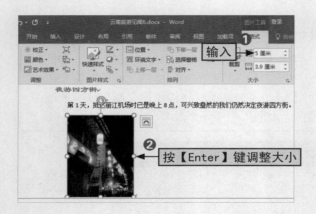

❶保持图片的选择状态，在"图片工具 格式"选项卡的"大小"组中的"高度"数值框中输入合适的高度，宽度会随之发生改变，这里输入"5厘米"，❷按【Enter】键调整大小。

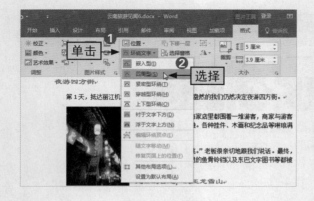

❶单击"排列"组中的"环绕文字"下拉按钮，❷在弹出的下拉菜单中选择相应的选项，以此更改图片的环绕方式，这里选择"四周型"选项。

拓展学习丨图片的环绕方式说明

在Word 2016中，图片的环绕方式有7种。其中，"嵌入型"的图片不能在文档中随意移动位置，而其他6种环绕方式状态下，图片的位置可以随意移动。另外，"衬于文字下方"和"浮于文字上方"这两种环绕方式会使图片和文字混杂在一起，不利于阅读，一般不采用这两种环绕方式。中老年朋友要根据自身的具体需求选择合适的方式进行使用。

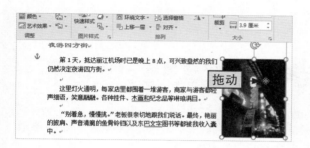

步骤05

选择图片，按住鼠标左键不放，拖动鼠标移动图片的位置，在合适的位置释放鼠标左键即可完成图片的移动。

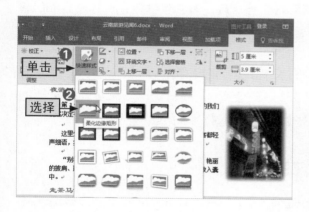

步骤06

❶保持图片的选择状态，在"图片工具 格式"选项卡的"图片样式"组中单击"快速样式"下拉按钮，❷在弹出的下拉列表中选择相应选项，让插入的图片更自然，这里选择"柔化边缘矩形"选项。

拓展学习丨如何更改图片轮廓的粗细

如果中老年朋友在步骤06中选择的图片样式有很明显的边框，则可能需要对边框的粗细进行设置。只需要在"图片工具 样式"选项卡的"图片样式"组中单击"图片边框"下拉按钮，然后在弹出的下拉菜单中选择"粗细"命令，在其子菜单中选择合适的选项即可更改图片轮廓的粗细。

步骤07

按照相同的方法插入其他照片并设置对应的效果，完成操作后保存文档。

4.3 编辑Word文档时还需掌握的操作

小精灵，我想把旅游时候写的旅游见闻读给我的孙女听，但是为了让她能看懂，我是不是应该加一些拼音到文档里面去呢？

爷爷，您说得对。您可以在编写好文档以后，对文字进行拼音标注。Word程序中有自带的添加拼音的功能，操作很简单。

我们在编辑Word文档时，除了对文档的正文内容进行撰写外，还可能对一些比较难的字词进行拼音标注。同时，还会有需要打印出当下编撰的文档的情况，这时，中老年朋友要学会一些加入拼音和打印设置的操作。

4.3.1 给一些特殊的字词标注拼音

在Word文档中，汉字的拼音长短会不同，为了让拼音能完全显示出来，中老年朋友需要先把汉字之间的间距拉大，再添加拼音。下面以为旅游见闻中的某些字词添加拼音为例，讲解具体的添加过程。

[跟我做] 给"兴致盎然"文本标注拼音

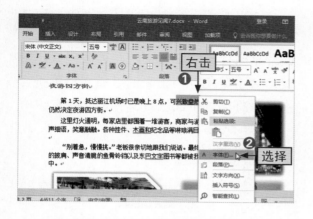

步骤01

❶打开素材文件，选择需要标注拼音的字词，并在其上右击，❷在弹出的下拉菜单中选择"字体"命令（或单击"开始"选项卡下的"字体"组中的按钮），打开"字体"对话框。

步骤02

❶单击"高级"选项卡，❷在"间距"下拉列表框中选择"加宽"选项，❸在其右侧的"磅值"数值框中输入"2磅"，❹单击"确定"按钮调整字间距。

步骤03

返回文档，在"开始"选项卡下的"字体"组中单击"拼音指南"按钮。

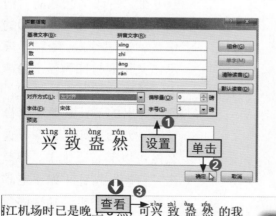

步骤04

❶在打开的"拼音指南"对话框中设置拼音的对齐方式、字体、偏移量和字号等，这里设置对齐方式为"左对齐"，其他保持默认设置，❷单击"确定"按钮，❸返回文档即可看到添加的拼音。

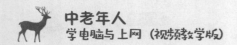
4.3.2 预览文档并打印

如果中老年朋友想要将电子档的旅游见闻打印成纸质文档，需要确保电脑正确连接了打印机。此外，在打印之前，为了避免打印出来的纸质文档不符合要求，我们一般会先预览打印效果，再进行打印。下面通过具体的实例来讲解相关的操作。

[跟我做] 设置文档的打印份数

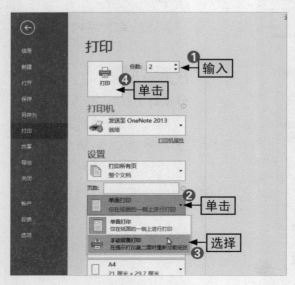

步骤01

在目标文档中切换到"文件"选项卡，单击"打印"选项卡。

步骤02

在"打印"选项卡右侧的打印预览区域中可预览文档打印后的效果。如果当前文档有很多页，还可单击浏览视图下方的翻页按钮，查看每一页的打印效果。

步骤03

预览打印效果符合要求后，❶可在"打印"区域的"份数"数值框中设置要打印的份数，这里输入"2"，表示该文档要打印两份。❷单击"单面打印"下拉按钮，❸在弹出的下拉菜单中选择"手动双面打印"命令（这么做可以节省纸张），❹单击"打印"按钮（如果电脑没有连接打印机，则程序会提示无法打印）。

第5章

初识互联网要掌握的基本操作

学习目标

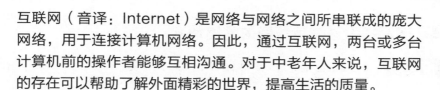

互联网（音译：Internet）是网络与网络之间所串联成的庞大网络，用于连接计算机网络。因此，通过互联网，两台或多台计算机前的操作者能够互相沟通。对于中老年人来说，互联网的存在可以帮助了解外面精彩的世界，提高生活的质量。

要点内容

- 使用ADSL接入网络
- 通过路由器连接网络
- 设置并开通路由器的无线功能
- 隐藏自家网络防止外人破译
- 如何借助鼠标浏览网页

- 看不清楚网页时要怎么将字体变大
- 将常用的导航网站设置成浏览器首页
- 看到不错的内容怎样保存
- 收藏网页并管理收藏夹
- 使用IE浏览器下载QQ聊天软件

....

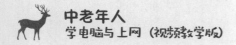

5.1 了解三大通信运营商并做出选择

 小精灵，我家准备安装网络。但我听说有中国移动、中国联通和中国电信这3种类型，可我都不太了解，不知道选哪个更好。

 爷爷，中国移动、中国联通和中国电信是三大通信运营商，它们都有各自的特点。究竟哪个更好还是要看它能不能满足您的需求。

中国电信、中国移动和中国联通这三大通信运营商为广大群众提供了良好的网络环境，中老年朋友也可以轻松利用网络来丰富自己的生活。

[跟我学] 了解三大通信运营商的网络情况

● **联通宽带** 中国联通宽带套餐有100M和200M等种类。经过相关的网络环境测试，其宽带对线路损耗较小，在上网高峰期依然能保持较高网速。

● **电信宽带** 中国电信提供了很多宽带套餐，与中国联通相比，可选择性更大。主要有单宽带、宽带+电视、宽带+手机+电视、200M宽带和300M宽带这5种，涵盖20M、50M、200M和300M等带宽，最高带宽比联通的最高带宽高。

● **移动宽带** 中国移动的宽带业务接收原铁通的宽带业务，原线路基本没有变化。目前有10M、20M、30M、50M、100M和200M等套餐，有的支持宽带+电视，有的支持宽带+电视+手机，是三大运营商中宽带产品最多的商家。但比较明显的不足是，中国移动宽带的稳定性一般，网速一般比不上中国电信。

拓展学习 | 其他宽带运营商

除了上述三大通信运营商有宽带业务外，还有一些其他的宽带运营商，比如长城宽带和歌华宽带。歌华宽带走的是有线电视的营销方向，有歌华高清机顶盒的家庭就可开通使用。该宽带稳定性不错，但网速一般，偶尔还会出现断流的现象。长城宽带是三大运营商之外最出名的宽带运营商，它的稳定性比较好，其上传速度和下载速度基本处于同一级别，这是有别于其他宽带限制上传速度的最大亮点。

5.2

多种多样的网络接入方法

 小精灵，隔壁王老爷子家安装的是中国电信的宽带，我家也是，为什么他们家那么多网线，而我们家的就只有一截网线和一个白色的盒子呢？

 爷爷，你们家的网络是以无线方式接入互联网的，而隔壁王爷爷家的网络是以有线方式接入互联网的，只是接入方式不同，但都可以正常上网。

　　家庭网络的接入方式有很多种，针对不同的宽带产品，会有其特定的接入方式，但所有接入方式对三大运营商来说都是通用的。下面来看看具体有哪些网络接入方式。

5.2.1 使用ADSL接入网络

　　ADSL主要是利用现有的电话线路接通网络，不需要改造和重新建设网络，只需要在电话线的两端加上ADSL设备即可。该方式又被称为"拨号上网"，其网络连接的关系图如图5-1所示。

ISP供应商　　Internet

俗称"猫" → ADSL调制解调器　　家庭电脑

图5-1

　　ADSL调制解调器在ADSL接入网络中是一个重要部件，它在发送端通过调制将数字信号转换为模拟信号，在接收端通过解调将模拟信号转换为数字信号。当运营商为我们安装宽带时一般会送我们一只这样的"猫"。

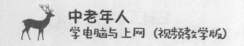
利用该方式接入网络，不仅可以大大降低网络运营商的成本，还能为中老年朋友节约上网费用。一般来说，三大运营商的网络产品都可以采取ADSL的网络接入方式联网。虽然大多数时候，运营商的工作人员会直接帮我们把网络全部连接好，我们可以直接上网，但中老年朋友还是可以学习连接网络的方法，下面讲解ADSL接入网络的具体操作步骤。

[跟我做] 建立宽带拨号连接

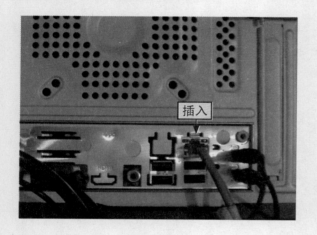

插入

步骤01

待宽带供应商的工作人员连通网络后，中老年朋友将网线插入电脑主机机箱背后的网线插孔中。

疑难解答

打开网络和共享中心 ❷选择

2018-01-16

❶

右击

步骤02

❶将鼠标光标移动到桌面右下角的"网络"图标上并右击，❷在弹出的快捷菜单中选择"打开网络和共享中心"命令。

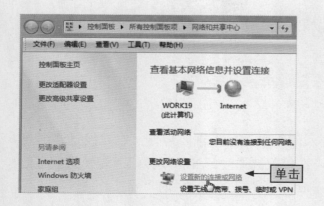

控制面板 ▶ 所有控制面板项 ▶ 网络和共享中心

文件(F) 编辑(E) 查看(V) 工具(T) 帮助(H)

控制面板主页

更改适配器设置

更改高级共享设置

查看基本网络信息并设置连接

WORK19   Internet
(此计算机)

查看活动网络

您目前没有连接到任何网络。

另请参阅

Internet 选项

Windows 防火墙

家庭组

更改网络设置

设置新的连接或网络 ◀ 单击

设置无线、宽带、拨号、临时或 VPN

步骤03

在"网络和共享中心"窗口的"更改网络设置"栏中，单击"设置新的连接或网络"超链接，打开"设置连接或网络"窗口。

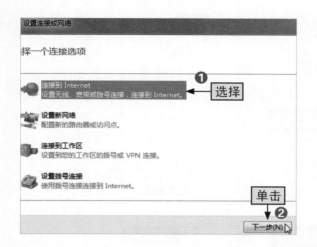

❶保持默认选择"连接到Internet"选项，❷单击"下一步"按钮，打开"连接到Internet"窗口。

❶选择"宽带（PPPoE）"选项，❷在新的界面中单击"连接"按钮。如果中老年朋友想要设置该宽带连接的名称，只需要在"连接名称"文本框中输入相关名称即可。

拓展学习｜显示其他网络连接方式

如果在"连接到Internet"窗口下方选中"显示此计算机未设置使用的连接选项"复选框，就可以在该窗口中看到电脑上所有的网络连接方式，如图5-2所示。

图5-2

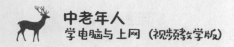
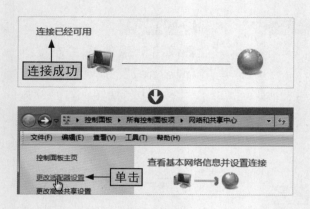

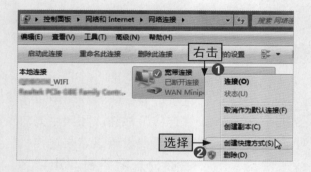

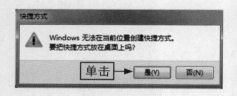

步骤06

页面显示"连接已可用"，也就是说ADSL连接成功。关闭窗口返回到"网络和共享中心"窗口，单击"更改适配器设置"超链接。

步骤07

❶在打开的"网络连接"窗口中会出现"宽带连接"选项，在其上右击，❷在弹出的快捷菜单中选择"创建快捷方式"命令。

步骤08

系统会提示当前位置无法创建快捷方式，单击"是"按钮即可。

步骤09

返回到电脑桌面，可看到创建的宽带连接快捷方式，❶双击该图标，❷在打开的"连接 宽带连接"窗口中输入自家的网络用户名和密码，❸单击"连接"按钮，成功后即可上网。

5.2.2 通过路由器连接网络

与ADSL连接这样的有线上网不同，通过路由器连接网路即我们常说的无线方式接入互联网，俗称WIFI。中老年朋友需购置一台无线路由器，现在市场上很多路由器都兼具有线和无线的功能。网络连接的关系图如图5-3所示。

网络接口

一种互联设备 → 无线路由器

图5-3

路由器用于连接多个逻辑上分开的网络，具有判断网络地址和选择IP路径的功能，它能在多网络互联的环境中建立灵活的连接，只接收源站或其他路由器的信息。中老年朋友将无线路由器接入网路接口后，对路由器进行设置（详见5.2.4节），这样家里的电脑（需要装有无线网卡）就能搜索到无线信号，最后输入无线密码就可以上网了。如果电脑没有装无线网卡，则只能采取有线上网方式。

拓展学习 | 注意无线网络的安全性

家庭无线网路一定要加密，否则容易被黑客采取一些措施截取无线数据信息，从而盗取网络账号。另外，将无线路由器放置在离卧室、孕妇和小孩比较远的地方，可以减少无线网络带来的辐射伤害，有的人还会在晚上关闭无线路由器的电源。

利用无线路由器连接网络时，还是要先通过"猫"将网络运营商的电信号或光纤信号形成调制解调，之后电脑或路由器才能识别。

[跟我学] 无线路由器连接网络的方法

当网络运营商的工作人员将网络接通后，"猫"上会支出一根网线，如果

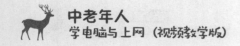
是ADSL连接方式，则这根网线直接接入电脑主机机箱的背后网线插孔中。如果是通过无线路由器连接网络，则❶这根网线要接入无线路由器的WAN插孔中，接着，如果家里是台式电脑，则还需要一根网线，❷一端接入无线路由器的LAN插孔中，❸一端接入电脑主机机箱背后的网络插孔中，最后输入密码即可连接成功；如果是笔记本电脑或者手机，启动电脑或手机时，系统会自动连接无线网络，输入密码即可，如图5-4所示。

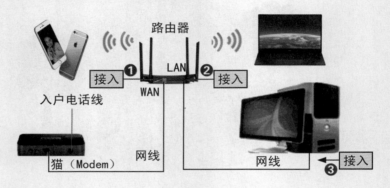

图5-4

如果中老年朋友想要台式电脑在不连接任何网线的情况下就能上网，则需要给电脑插一块无线网卡（内置网卡或USB网卡），同时安装无线网卡驱动，这样才会在台式电脑的"在网连接"中自动生成一个无线网络连接。

网线连接好后，中老年朋友需要打开浏览器（最好是IE浏览器），在地址栏中输入"192.168.1.1"进入网页对无线路由器进行设置，完成后即可上网。

拓展学习｜多台电脑同时上网

有些家庭有两台甚至两台以上的电脑设备，这时就需要满足多台电脑能同时上网且互不影响，路由器就能实现这一目的。它是组建家庭局域网的必须设备，可将两台或两台以上的电脑组成一个简单网络，然后对路由器进行适当设置即可。

5.2.3 小区宽带上网

小区宽带一般指光纤到小区，即LAN宽带，整个小区共享一根光纤。所以，用的人不多时，速度非常快；反之，速度会减慢。

[跟我学] 小区宽带的连接结构

这种宽带接入方式也是大中型城市较普遍使用的，中国移动、中国电信、中国联通和长城宽带等都提供此类宽带接入方式，其网络连接示意图如图5-5所示。

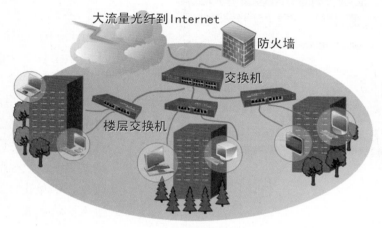

大流量光纤到Internet

防火墙

交换机

楼层交换机

图5-5

交换机是一种用于电（光）信号转发的网络设备，可以为连接交换机的任意两个网络节点提供独享的电信号通路。最常见的交换机是以太网交换机，除此之外还有电话语音交换机和光纤交换机等。

中老年朋友要知道，电脑连接小区宽带上网时，只需要把电脑IP地址配置为自动获得（动态IP），然后把小区宽带的网线连接到电脑上，就可以上网了，不需要进行拨号操作。也就是说，使用小区宽带入网，不用"猫"。

5.2.4 开通路由器的无线功能

如果家里的网络连接有路由器，那么我们可以通过设置来开通路由器的无线功能，这样家里的所有手机等移动设置都可以连入WIFI上网了。

虽然大部分的宽带安装人员可以帮忙进行设置，不过中老年朋友也可以了解一下设置方法，增加自己的知识，在有需要时也懂得如何进行操作。

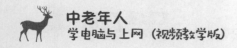

[跟我做] 设置并开通路由器的无线功能

步骤01

❶确保路由器已正确连接后，在电脑上打开浏览器，在地址栏中输入网址"http://192.168.0.1/"，按【Enter】键，❷在打开的"Windows安全"对话框中输入网络的用户名和密码，❸选中"记住我的凭据"复选框（下一次登录时就不需要手动输入用户名和密码），❹单击"确定"按钮进入网络设置页面。

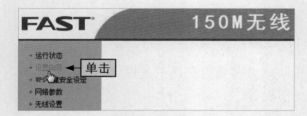

步骤02

进入无线路由器的设置操作界面，单击页面左侧的"设置向导"超链接。

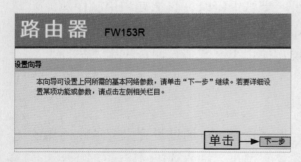

步骤03

在页面右侧会打开"设置向导"对话框，单击"下一步"按钮。

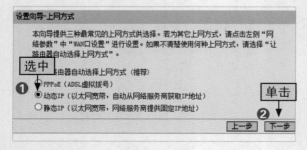

步骤04

❶在新打开的对话框中，选择合适的上网方式，如这里选中"动态IP"单选按钮，❷单击"下一步"。

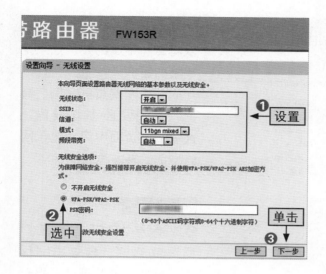

❶打开"设置向导–无线设置"对话框，设置无线状态为"开启"，在"SSID"栏中设置此WIFI的名称，其他的各选项保持默认不变，❷选中对应的密钥类型单选按钮，再设置无线上网的密码，❸单击"下一步"。程序将提示设置完成，路由器会自动重启，成功后手机就可以通过连接该WIFI并输入正确密码后上网了。

拓展学习 | 选择上网方式时要注意的问题

如果家里的网络是拨号上网，那就选择"PPPoE"方式，选择该方式后，会打开登录对话框，在框中输入自家的宽带账号与密码。

如果家里使用的是无需拨号的宽带，那就选择"动态IP"方式，系统会自动获取IP；如果使用的是局域网，并且有固定IP限制的网络，那就选择"静态IP"方式，然后设置外网IP。

5.2.5 隐藏自家网络防止外人破译

对于设置了无线路由器的家庭，为了防止被蹭网，中老年朋友可以把自家网络隐藏起来，让他人搜索不到自家的WIFI信号。下面介绍隐藏网络的具体操作步骤。

[跟我做] 将"QDBOOK_WIFI"网络隐藏起来

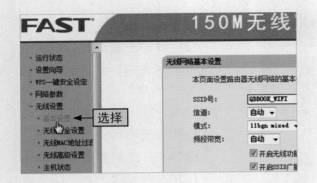

步骤01

以前面介绍过的方法登录无线路由器的设置中心，在打开的无线设置页面左侧，选择"无线设置/基本设置"选项，在页面中间会显示网络当前的基本设置。

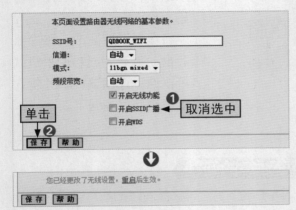

步骤02

❶取消选中"开启SSID广播"复选框，❷单击"保存"按钮。此时程序会提示"您已经更改了无线设置，重启后生效。"关闭网页完成设置，中老年朋友只要重启无线网路，就能实现隐藏网络的目的。

5.3 用浏览器浏览网页

 这个网页上写的东西还蛮实用的，我想保存一份，留着以后打开看，但是我又不想把这些内容复制到一个文档里，我该怎么办呢？

 爷爷，大部分浏览器都有收藏网页的功能。只要将您喜欢的网页保存到浏览器的收藏夹中，以后打开网页再次浏览就会很方便了。

　　电脑连接网络以后，如果中老年朋友想要浏览网上的信息，还需要使用浏览器。一般来说，电脑在安装Windows系统的同时，会安装IE浏览器。如图5-6所示的是IE浏览器的图标和主界面。目前，人们使用的浏览器有很多，不同浏览器的界面结构可能有所不同。

图5-6

5.3.1 如何浏览网页

中老年朋友上网，浏览网页是一定要会的操作。一种方便又简单的方法就是直接利用导航网站进入网页。下面介绍具体的操作步骤。

[跟我做] 通过导航网站"hao123"进入网页

步骤01

❶打开IE浏览器，将鼠标光标移动到地址栏处，在其中输入导航网站的网址，这里输入"http://www.hao123. com"，❷单击地址栏末尾的 按钮。

步骤02

进入"hao123"导航网页后，中老年朋友可以在其中看到很多网页导航，单击网页的名称超链接即可快速进入该网站的首页。这里单击"淘宝网"超链接。程序自动打开淘宝网首页。

❶滚动鼠标滚轮（中键）或拖动右侧的滚动条，可以浏览首页中的很多产品，比如各种衣服、裤子、鞋袜、家具家电、充话费服务、电影服务以及水电煤充值服务等。❷找到需要的信息，单击超链接或者按钮即可进入相应的产品页面或服务页面，这里单击"电影"超链接，进入"淘票票"页面，中老年朋友可以在这里选购想观看的电影票。

中老年朋友还可以在浏览器的地址栏中输入网址，单击 按钮直接进入想要浏览的网页，比如在地址栏中输入网址"https://www.taobao.com/"，就可直接进入淘宝网首页进行浏览。

5.3.2 看不清楚网页时要怎么将字体变大

中老年朋友随着年龄增长，视力会随之下降，在浏览器默认显示状态下，可能会看不清楚页面中的文字，此时我们可以放大页面中的字体，方便浏览。需要注意的是，如果中老年朋友在"控制面板"中已经将屏幕显示调大，则浏览网页时，网页中的字体也会相应变大，就不需要再单独设置。下面介绍单独设置网页字体大小的操作。

[跟我做] 更改网页的显示比例为150%

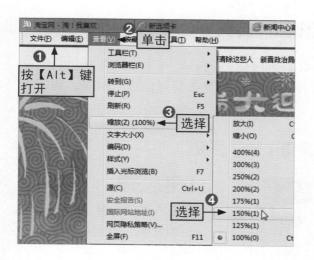

步骤01

❶进入相关网页后（这里进入"新浪新闻"首页），按【Alt】键打开浏览器中的菜单栏，❷单击"查看"菜单，❸在弹出的下拉菜单中选择"缩放"命令，❹在其子菜单中选择合适的比例（放大就选择大于100%的比例，缩小就选择小于100%的比例），这里选择"150%"选项。

步骤02

返回页面就可以看到放大比例的显示效果。

拓展学习 | 其他更改网页字体大小的方法

在显示了状态栏的网页右下角会显示当前显示比例，如图5-7所示。中老年朋友可直接单击比例缩放按钮调整网页字体大小。另外，还可直接按住【Ctrl】键不放，同时滚动鼠标中键以调整网页字体大小，待放大到所需大小时释放【Ctrl】键即可。

图5-7

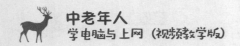

5.3.3 将常用的网站设置成浏览器首页

　　如果每次上网都要输入网址，就会觉得很麻烦。这时中老年朋友可以将常用的网站设置为浏览器首页，在打开浏览器的同时就会自动进入网页。设置的具体步骤如下。

[跟我做] 设置浏览器的首页（主页）为"百度"

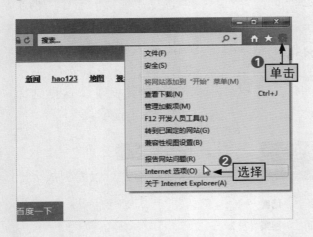

步骤01

❶进入想要设置为浏览器首页的网页，这里进入"百度一下，你就知道"页面，单击窗口右上角的⚙按钮，❷在弹出的下拉菜单中选择"Internet选项"命，或者在窗口的菜单栏中单击"工具"选项卡，在弹出的下拉菜单中选择"Internet选项"命令。

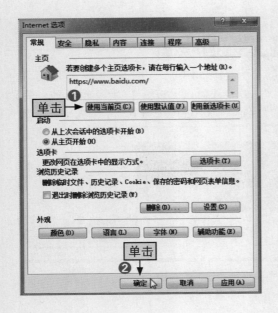

步骤02

❶在"Internet选项"对话框中的"常规"选项卡下的"主页"栏中单击"使用当前页"按钮，❷单击"确定"按钮即可完成设置。如果当前页面不是我们想要设置成浏览器首页的网页，则在"主页"栏中的列表框中手动输入想要设置成浏览器首页的网页网址，然后单击相关按钮完成设置。

步骤03

设置完成后，无论中老年朋友在浏览什么网页，只要单击浏览器窗口右上角的⌂按钮就可立即回到设置的主页页面。

5.3.4 看到不错的内容怎样保存

如果中老年朋友在浏览网页时发现里面的内容很好，就可以把内容保存起来，在电脑没有联网时也能查看。下面就来看看保存内容的具体操作步骤。

[跟我做] 将网页中的象棋阵法解说保存起来

步骤01

❶在需要保存其内容的网页中，打开菜单栏，单击窗口左上角的"文件"菜单，❷在弹出的下拉菜单中选择"另存为"命令。

步骤02

❶在打开的"保存网页"对话框中选择网页内容的保存位置，❷单击"保存"按钮，在保存位置就可查看到保存好的网页内容，下次查看时直接双击打开该文件即可。

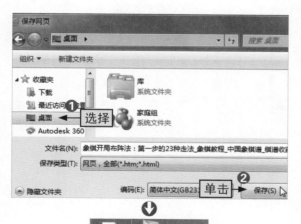

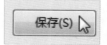

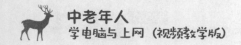
5.3.5 收藏网页并管理收藏夹

中老年朋友除了可以保存网页内容外，还可以直接收藏网页。收藏网页的操作与保存网页内容的操作有区别，需要使用浏览器的"收藏夹"功能。

1.收藏网页

有的网页内容常常更新，比如淘宝网、金融信息等网站。中老年朋友如果收藏网页，则在下次打开时显示的就是该网站最新的内容。下面就来看看收藏网页的具体操作。

[跟我做] 将"广场舞大全"首页进行收藏

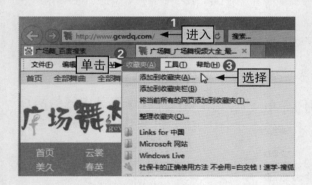

步骤01

❶进入"广场舞大全"首页（http://www.gcwdq.com/），打开菜单栏，❷单击"收藏夹"菜单，❸在弹出的下拉菜单中选择"添加到收藏夹"命令。

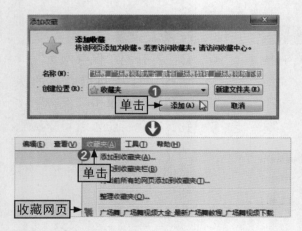

步骤02

❶在打开的"添加收藏"对话框中单击"添加"按钮，完成网页的收藏操作。❷再次单击"收藏夹"菜单项就可在弹出的下拉列表中找到收藏的网页。

2.管理收藏夹

当收藏夹中收藏的网页太多时，我们可对这些网页进行管理，方便以后快速地找到相应的网页。具体的操作如下。

[跟我做] 整理浏览器的收藏夹

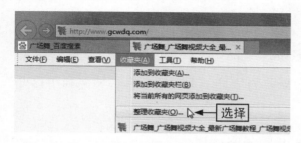

步骤01

在打开的任意网页页面中，单击菜单栏里的"收藏夹"菜单项，选择下拉列表中的"整理收藏夹"命令。

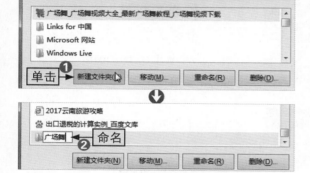

步骤02

❶在打开的"整理收藏夹"对话框中单击"新建文件夹"按钮。在列表框中会新建一个文件夹，❷给文件夹命名为"广场舞"。

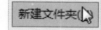

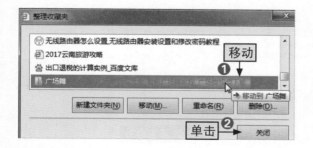

步骤03

❶选择之前收藏的广场舞网页，按住鼠标左键不放并拖动，将其移动到新建的"广场舞"文件夹中。❷单击"关闭"按钮。使用此方法就可以达到分类整理各网页的目的。

5.4 搜索并下载所需要的内容

小精灵，我的孙女儿在外地学习，她让我把QQ学会，这样我们就可以进行视频通话了。但是我家里的电脑上好像没有QQ。

那您就要先下载安装QQ软件才行，我就先教您平时怎么搜索需要的信息和下载需要的资源吧。

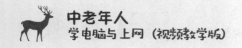
中老年人比较关心国内时事，而百度搜索引擎是全球最大的中文搜索引起，它能帮助中老年朋友更便捷地获取信息。

5.4.1 搜索新闻信息关注时事

中老年朋友通过浏览器可以搜索需要的信息，下面就来看看如何利用百度搜索引擎找到想要的内容。

[跟我做] 在百度搜索引擎中搜索"吉林地震"

步骤01

❶进入百度首页（https://www.baidu.com/），在搜索框中输入想要查询的内容的关键字，❷单击"百度一下"按钮。

步骤02

在打开的网页中即可查看到很多搜索结果，单击要查找的结果超链接即可打开相关网页。

步骤03

在打开的网页中即可查看到新闻的相关内容。

5.4.2 使用IE浏览器下载QQ聊天软件

当我们的电脑中没有需要的软件安装程序时，就需要通过浏览器下载安装软件。下面以通过IE浏览器下载QQ聊天软件为例，讲解具体的下载安装过程。

[跟我做] 下载并安装QQ软件

步骤01

❶在浏览器的地址栏中输入"https://im.qq.com/"网址，按【Enter】键进入网址的主页，❷单击"下载"超链接。

步骤02

在打开的下载页面中找到需要下载的软件程序，单击对应的"下载"按钮。

步骤03

❶在页面下方单击"保存"下拉按钮，❷在弹出的菜单中选择"另存为"命令。

⛄ **拓展学习 | 直接单击"运行"按钮或"保存"按钮**

如果中老年朋友直接单击"运行"按钮，则不会下载安装包，而是直接安装QQ软件；如果直接单击"保存"按钮，系统会直接将下载的QQ软件安装包保存到本地磁盘C盘中，时间久了，C盘中的文件多了，会影响电脑的运行速度。

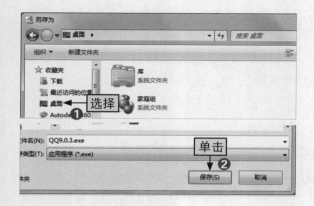

❶在打开的"另存为"对话框中选择 QQ 软件安装包的存放位置，❷单击"保存"按钮。

步骤 05

❶返回到安装包存放的位置并双击文件图标（若记不住存放位置，可返回下载页面，单击下方的"运行"按钮），❷在打开的"打开文件－安全警告"对话框中单击"运行"按钮。

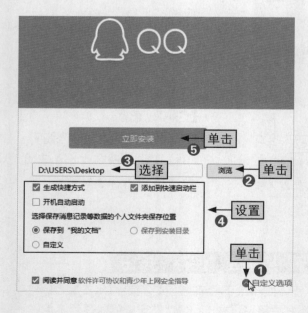

步骤 06

❶在打开的安装界面中单击"自定义选项"下拉按钮会弹出自定义设置的界面，❷单击"浏览"按钮，❸选择 QQ 软件的安装位置，❹设置快捷方式和数据保存位置等参数，❺单击"立即安装"按钮。等待系统安装，完成后关闭相关对话框，结束 QQ 软件安装的所有操作。若直接单击"立即安装"按钮而不是自定义安装，则QQ 会默认自动安装到电脑的 C 盘中。

第6章

中老年人日常生活中网络的用处

学习目标

中老年朋友学习电脑和网络，一个重要的目的就是给生活带来便利。比如，中老年人可以通过上网，听歌、看电视、看新闻、预约挂号、发布租房信息、网上购物或购票以及充话费等，节约时间和生活成本。

要点内容

- 打开网页听歌、看电视
- 视频软件让你快速更换剧集
- 查看自己的疾病信息
- 在网上向专科医生问诊
……

- 网上发布房屋出租信息
- 淘宝APP上买衣服
- 美团帮你快速搞定一日三餐
- 网上购买车票不再排长队
- 轻松就能帮助家人朋友充话费
……

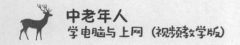

网络上听歌、看电视更方便

 小精灵，我之前在电视上看了一部电视剧，忒好看了，但是中途有事儿，错过了几集，心里总是觉得不尽兴。

 没关系，爷爷，您家现在不是已经联网了吗，您可以直接在网页上看错过的视频，也可以单独下载安装视频软件观看。

互联网上有很多休闲娱乐工具，不仅可以看新闻、听音乐、看电视或者查看需要的信息，还能寻医问药、在线挂号、出租房屋及购买各种所需物品。总之，利用网络可以帮助中老年朋友足不出户享受生活。

6.1.1 打开网页听歌、看电视

中老年朋友在还没有安装任何视听软件之前，可以直接通过网页听歌和看视频。具体操作步骤如下。

[跟我学] 直接在网页中听歌

❶在百度搜索框中输入想要收听的歌曲名称，这里输入"我从草原来"并按【Enter】键，❷单击搜索框下方的"音乐"超链接，❸在搜索结果中找到想要收听的版本，单击"播放"按钮即可播放音乐，如图6-1所示。

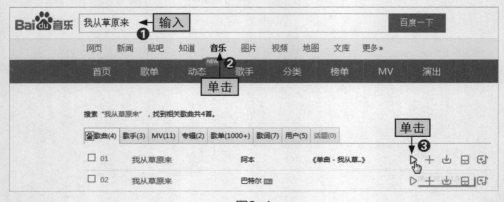

图6-1

技巧强化 | 在网页上看视频

与听歌的操作步骤类似，在百度搜索框中输入想要观看的视频名称或关键字，按【Enter】键，❶单击搜索结果超链接，❷在打开的页面中选择要播放的剧集，即可打开播放页面，如图6-2所示。中老年朋友也可在搜索结果中直接单击相关剧集的按钮，快速播放视频。如图6-3所示。

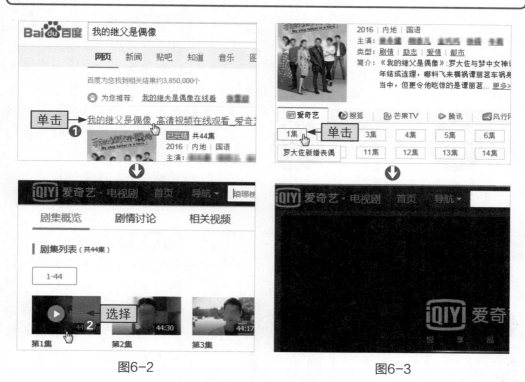

图6-2   图6-3

6.1.2 用音乐软件听电台分类歌曲

中老年人可以在自己的电脑上或手机上下载安装音乐软件，不仅可以听歌，还能听电台分类歌曲及看歌曲的视频MV。其下载安装的操作过程与下载安装QQ软件的过程相似，下面以酷狗音乐为例，学习如何在音乐软件中收听电台歌曲。

[跟我做] 在酷狗音乐软件中听电台歌曲

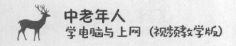

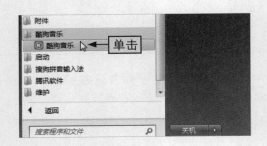

> **步骤01**
>
> 在开始菜单中找到酷狗音乐菜单，单击启动酷狗音乐（桌面有图标的直接双击可启动）。

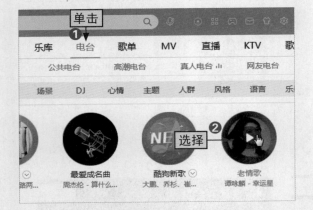

> **步骤02**
>
> ❶在打开的音乐播放器界面中单击上方的"电台"选项卡，❷在其下方会显示很多类型的电台，选择自己感兴趣的一种，软件就会为我们播放这一类型的歌曲，一首接着一首。这里选择"老情歌"类型选项。

> **步骤03**
>
> 软件会将选择的电台添加到界面左侧的"音乐电台"列表中进行顺序播放。而界面下方也会显示当前歌曲的播放进度。

拓展学习｜音乐电台与收音机电台不同

音乐软件中的电台与中老年朋友平时使用的收音机电台不同，收音机电台打开时可能听到的是一首歌的开头、结尾或中间部分；而音乐软件中的电台相当于一个音乐的分类库，里面的电台对应不同类型的歌曲，一般进入电台后会从歌曲的开头部分播放。

6.1.3 视频软件让你快速更换剧集

一般来说，在视频播放器里播放视频会比在网页上播放视频的速度更快，为了能顺畅地看剧，中老年朋友很有必要下载安装自己需要的视频软件，这样方便看剧。下面以腾讯视频为例，讲解使用视频软件看剧的操作过程。

[跟我做] 在腾讯视频客户端搜电视剧"情深深雨濛濛"

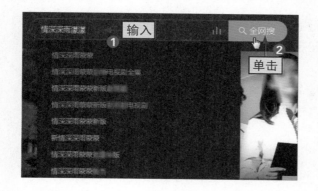

步骤01

启动腾讯视频，❶在主界面的搜索框中输入要看的视频名称，比如，这里输入"情深深雨濛濛"，❷单击"全网搜"按钮。

步骤02

在搜索框下方会显示结果，直接单击剧集按钮，就可进入视频播放界面。

步骤03

在视频播放界面的右侧会显示当前电视剧的所有剧集，单击剧集按钮就可以马上切换到相应剧集进行观看，想看哪一集就看哪一集。

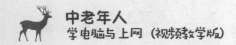
6.2 寻医问药不再麻烦

 哎呀！我这膝盖有一点痛，也没个伤口，不知道是怎么回事。去医院吧又担心什么毛病也没有，还白白花了一笔挂号费，你说该怎么办啊小精灵？

 爷爷，您可以自己上网查查自己的症状大概是怎么回事啊，这样就可以考虑是应该去医院诊察还是自己多注意一些日常保养就好。

虽然目前国内的医疗已经实施报销政策，看病不再像以前那么贵。但是，还是要避免花"冤枉钱"。所以，越来越多的人更倾向于上网询问自己的症状是否严重。

6.2.1 查看自己的疾病信息

有时，中老年朋友有个小病小痛的，去医院看看，还要先出挂号费才能让医生看诊，可结果医生却说没什么要紧的问题，有时甚至连药都不用开，既浪费时间又浪费钱。中老年朋友可以先上网查询自己的症状具体是什么情况，然后判断是否该去医院进行更详细的诊疗。下面以在好大夫在线网上查看疾病信息为例，讲解具体的过程。

[跟我做] 在"好大夫在线"网上进行网络咨询

步骤01

进入好大夫在线网的首页（http://www.haodf.com/），单击"网络咨询"选项卡。

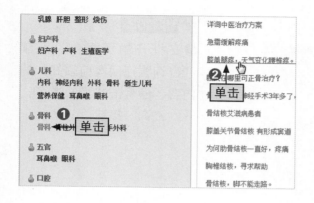

❶在打开的页面中，单击左侧分类栏中的"骨科"超链接，页面中就会显示他人以前向医生询问过的症状，❷中老年朋友单击与自己的症状相同或相似的问题超链接。

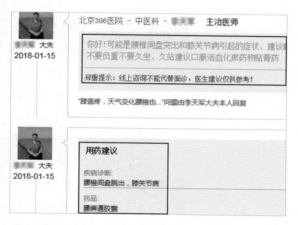

步骤03

在打开的页面中就可以看到医生对症状和病情的解析，以及用药的建议。但中老年朋友要注意，如果是必须要用药的症状，最好还是去医院当面与医生沟通。

6.2.2 在网上向专科医生问诊

如果中老年朋友经过自己的查询，还不能确定自己的症状是怎么回事，可以直接向专科医生问诊。下面以在好大夫在线网上向专业的医生询问病症为例，讲解具体的操作。

[跟我做] 向专业的医生询问病症

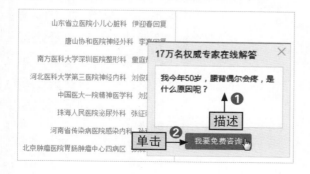

步骤01

单击"网络咨询"选项卡后进入的页面中，右下角会出现一个"在线解答"文本框，❶在其中描述自己的症状，❷单击"我要免费咨询"按钮。

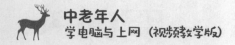
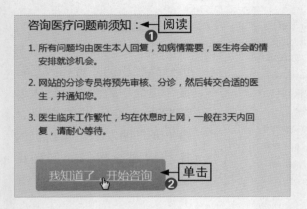

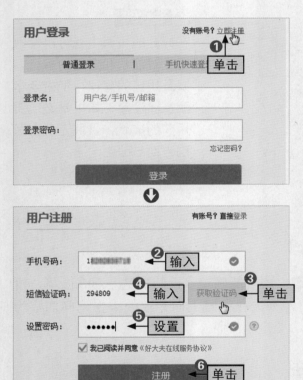

步骤02

❶在打开的页面中，阅读"咨询医疗问题前须知"的内容，❷单击"我知道了，开始咨询"按钮。

步骤03

在打开的页面中需要填写登录名和密码，单击"登录"按钮后即可发布自己的症状问题，等待医生给出解答即可（如果刚进入首页时就已经登录了自己的账号，则没有此步骤）。如果还没有好大夫在线网的账号，则需要先注册账号，❶单击"立即注册"超链接，❷输入手机号码，❸单击"获取验证码"按钮，❹将手机收到的验证码输入"短信验证码"文本框中，❺设置登录密码，默认选中"我已阅读……"复选框，❻单击"注册"按钮完成注册操作。注册成功后即可登录账号，等待医生给出解答。如果询问的病症刚好有医生在线，则可以马上知道医生给出的解释。

6.3
出租房屋请家政，赚钱享受生活

哎，不知道我家那套闲置的房子是不是已经快生蜘蛛网了，很多年都没有人住过了，这没有人气儿的房子可很容易坏呢。愁死我了。

爷爷，您可以把这套闲置的房子出租出去啊，这样房子不但有了人气儿，而且每个月还有租金收入，两全其美呢。通过网络出租房屋，很方便的。

越来越多的人看到了买房的升值空间，所以一个家庭名下可能不止一套房，这时如何充分利用空置的房屋显得格外重要。另外，有些家庭条件比较好的，不想让家人动手做家务或者带小孩，还会聘请专业的家政服务人员料理各方面的家务。而这些事情现在都能在网上进行。

6.3.1 网上发布房屋出租信息

国内很多信息网站上都可以免费发布房屋出租信息，中老年朋友也可以将自家闲置的房屋出租出去，租金收入还能作为家用补贴。下面以在58同城上发布房屋出租信息为例，讲解具体的操作。

[跟我做] 在58同城上发布自家房屋的出租信息

步骤01

进入58同城官网（http://58.com/），单击"登录"超链接。没有账号的要先单击"注册"超链接进行注册。

步骤02

在打开的页面中单击"密码登录"按钮。若手机上已安装了58同城APP，且注册了账号，则可直接扫码登录。

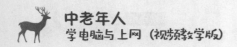
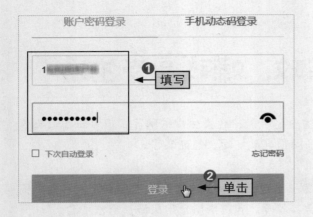

步骤03

❶输入用户名和登录密码，❷单击"登录"按钮。如果要达到下次打开网页自动登录的效果，在此处就可选中"下次自动登录"复选框。

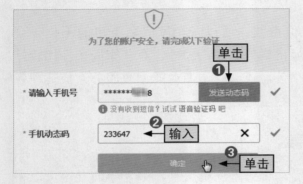

步骤04

在账户验证页面，输入手机号码，❶单击"发送动态码"按钮，❷将手机收到的验证码输入"手机动态码"文本框中，❸单击"确定"按钮。

步骤05

登录成功后，在打开的页面中，单击右上角的"免费发布信息"按钮。

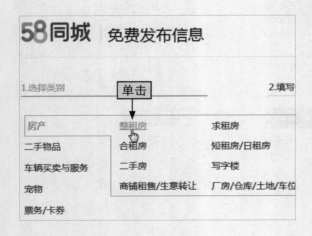

步骤06

进入"免费发布信息"页面，将鼠标光标移动到"房产"选项处，在弹出的列表中单击"整租房"超链接。

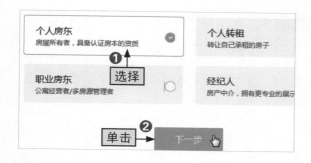

步骤07

❶选择自己的身份，如个人房东、个人转租、职业房东或经纪人，这里选择"个人房东"选项，❷单击"下一步"按钮。

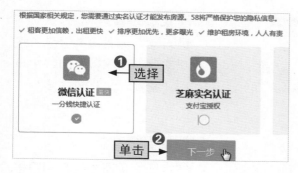

步骤08

❶选择身份验证方式，这里选择"微信认证"选项，❷单击"下一步"按钮。

步骤09

输入手机号码和身份证号码认证成功后，单击"已完成"按钮。

步骤10

进入信息填写页面，❶填写房屋基本信息和联系人信息，比如出租方式、小区名称、房屋户型、楼层、联系人姓名和联系电话等（左侧标有红色"*"号的信息都要如实填写），❷选中"设置隐私保护"复选框（保护房东的手机号码，生成网络手机号），❸单击页面下方的"发布"按钮，即可完成房屋出租信息的发布。

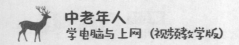
6.3.2 网上聘请家政人员照顾家人

对于一些没有和子女一起居住，且行动不方便的中老年人来说，聘请专业的家政人员帮忙打扫卫生是很有必要的。下面以在58同城上聘请家政人员为例，讲解具体的聘请过程。

[跟我做] 在58同城上聘请家政

步骤01

进入58同城首页并登录，在"家庭上门服务"版块中单击"家庭保洁"超链接。

步骤02

在打开的页面中会看到很多"58到家"服务，如保洁、清洗、家具养护和维修换新等，选择相应的家政服务，这里单击日常保洁服务的"查看详情"按钮。

步骤03

❶在页面左侧进行扫码，这就需要手机上也下载安装了58同城APP，启动程序后打开扫码界面。❷选择"日常保洁"服务选项。

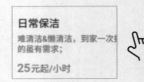

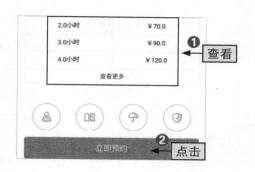

❶在打开的新页面中查看收费标准，❷点击"立即预约"按钮。

立即预约

6.4

衣食住行的其他便捷手法

小精灵，我看我的好多老伙伴们现在也都会在网上买衣服、裤子什么的，不仅省钱，还省时间，可我还是不会，感觉跟他们比落后好多了。

爷爷，网上买东西确实很方便，您也不要觉得自己落伍了。其实这很简单的，我马上就可以教您怎么通过网络解决穿衣、吃饭和出行的问题。

随着网络的普及，中老年人也想跟上时代的潮流，享受一下网络给生活带来的便利。因此，中老年人要了解更多通过网络就能解决问题的方法。

6.4.1 淘宝APP上买衣服

淘宝是国内目前发展最好的网商平台，不仅是年轻人购物的良择，也是很多中老年朋友都喜欢的购物平台。要想通过淘宝网买东西，先要注册淘宝账号。下面以在手机淘宝APP上购买衣服为例，讲解具体的操作过程。

[跟我做] 用淘宝APP买衣服方便又省钱

在手机上下载安装淘宝APP并登录，点击淘宝APP图标。

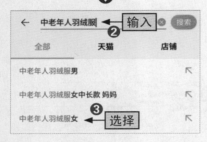

步骤02

在打开的页面中可以看到很多商品，吃、穿、住、行样样都有。中老年朋友如果想要快速找到自己需要购买的东西，❶直接点击页面上方的搜索框，❷在其中输入名称或关键字，这里输入"中老年人羽绒服"，❸在下方的列表中选择更详细的关键字，这里选择"中老年人羽绒服女"选项，直接跳转到搜索结果页面。也可以直接点击"搜索"按钮跳转。

步骤03

浏览页面，选择看中的商品，❶点击图片，❷进入商品的详情页面，可以查看商品价格、尺码、颜色、产品参数和全部购买者对该商品的评价，❸确定要购买就点击"选择尺码，颜色分类"按钮。如果中老年朋友觉得搜索结果页面中的商品太多了，不好挑选，则可以点击右上角的"筛选"按钮，进入筛选页面，可以手动限定购买商品的价格区间。

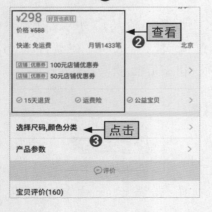

选择尺码,颜色分类

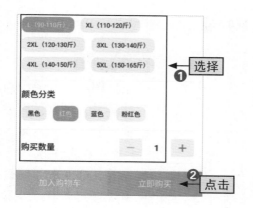

❶在打开的页面中选择喜欢的颜色、合适的尺码和购买数量，❷确认后点击"立即购买"按钮。如果还要购买其他商品，这里可以点击"加入购物车"按钮，待所有要购买的商品都选好以后再点击"去结算"按钮。

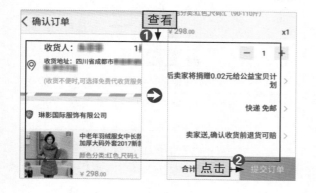

❶在"确认订单"页面查看所有订单信息，比如收货人姓名、电话号码、收货地址、商品信息和配送方式等，❷确认无误后点击"提交订单"按钮。

❶在"确认付款"页面选择付款方式，这里选择银行卡付款（还有账户余额和余额宝等付款方式可供选择，但这两种方式需要先绑定银行卡，具体绑定操作在本书第8章详讲），❷点击"立即付款"按钮完成购物流程。

6.4.2 美团帮你快速搞定一日三餐

美团网是关于吃喝玩乐的团购网站，中老年朋友不仅可以享受送餐上门服务，而且吃同样的东西会比到实体店消费更便宜。下面以在手机美团APP上订餐为例，讲解具体的订餐过程。

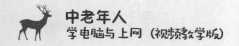
[跟我做] 订外卖，不用出门就能吃好饭

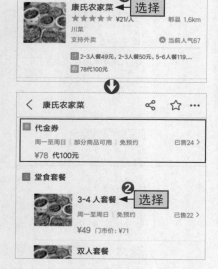

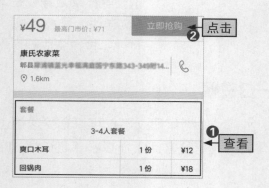

步骤01

点击美团APP的图标启动程序并登录，进入页面后可看到很多服务，如美食、电影/演出、酒店住宿、外卖和打车等，❶点击"美食"图标（或直接点击"外卖"图标），❷在打开的页面中点击"外卖"图标。

步骤02

浏览搜索结果，❶选择想要吃的东西，这里选择"康氏农家菜"选项。❷在打开的页面中可选择合适的套餐，这里选择"3–4人套餐"选项。在这里，各家店面可能推出代金券或抵扣券等优惠，只要中老年朋友订餐的金额达到一定数额就能领用，比如这里的"¥78 代100元"是指订购100元的餐只需支付78元。

步骤03

❶在"套餐详情"页面中可查看套餐有哪些菜，❷确认合适后点击"立即抢购"按钮（可电话订购），按照相关流程付款，支付成功后等待外卖员接单、送单即可。

6.4.3 网上购买车票不再排长队

很多中老年朋友回乡下老家或者出门旅游等，一旦遇到节假日，如果到车站购买车票，一是会排很长的队，二是不容易买到票。下面以在网上购买汽车票为例，讲解具体的网上购票流程，让中老年朋友不再为出行困难而发愁。

[跟我做] 在12306官网上买汽车票没有手续费

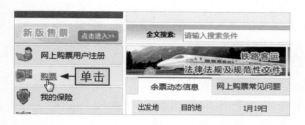

步骤01

在浏览器地址栏中输入网址 "http://www.12306.cn/" 打开12306官网。单击页面左侧"购票"超链接。

步骤02

❶在"车票查询"页面中选中"单程"或"往返"单选按钮，这里选中"单程"单选按钮，❷选择出发地、目的地以及出发日或返程日等，❸单击"查询"按钮。

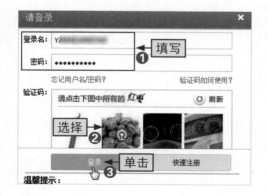

步骤03

❶在登录页面填写登录名、密码，❷选择验证码，❸单击"登录"按钮。

步骤04

在打开的网页中查看当天的车次，在决定要购买的车次栏中单击"预订"按钮。

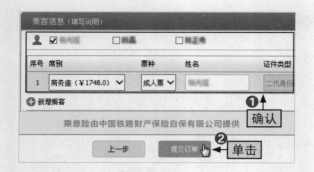

步骤05

❶在打开的页面中确认订票信息是否正确，比如乘车人姓名、身份证号及票价等，❷没有问题后单击"提交订单"按钮，按步骤完成付款后即可成功购票。

6.4.4 轻松就能帮助家人朋友充话费

现在，很多人都不会去通讯营业厅给手机充话费了，而是直接在网上就能为手机充值。下面以在支付宝里给手机充话费为例，讲解具体的操作步骤。

[跟我做] 中老年人也能轻轻松松上网充话费

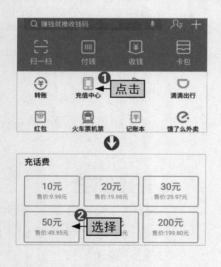

步骤01

在手机上下载安装支付宝APP，点击桌面图标，进入支付宝APP主页，❶点击"充值中心"图标，❷在打开的页面确认充值手机号，选择要充的话费金额，这里选择"50元"选项。

步骤02

❶在打开的界面中选择付款方式，❷点击"立即付款"按钮，最后输入付款密码，支付成功后话费就充值成功。一般充值成功后，手机会收到短信提示。

第7章

07

QQ和微信是中老年人的社交帮手

学习目标

如今，越来越多的社交软件为人们所使用。其中不得不提的就是腾讯旗下的QQ和微信，它们已经成为大多数人生活、工作和学习中不可或缺的社交工具，当下中老年人也开始紧跟时代的步伐，畅玩QQ与微信。

要点内容

- 添加QQ好友
- 如何与好友进行文字聊天
- 不用打字的语音、视频聊天
- 学会在聊天界面收发文件
- 查看和评论好友的空间动态
 ……

- 通过QQ在电脑上打麻将
- 微信上怎么添加好友
- 微信也能文字、语音和视频聊天
- 进入朋友圈查看和发表动态
 ……

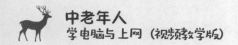

小精灵，之前按照你说的步骤，我在电脑上下载安装了QQ聊天软件，但是登录需要账号，我还没有，是不是要注册啊？

是的，爷爷。在使用QQ软件之前要先为自己申请注册一个QQ号，成功后登录即可通过QQ聊天或者发布动态了。

　　QQ的使用范围非常广，是中老年朋友进行社交活动的有利工具。首先，中老年朋友拥有一个自己的QQ账号，登录账号后，就可以与亲朋好友聊天、进行语音或视频通话、传送文件以及开通QQ空间了解亲朋好友的生活动态或发布自己的动态。中老年朋友可以通过网址"https://ssl.zc.qq.com/"进行QQ账号的申请注册，本章以电脑版QQ为学习目标。

　　中老年朋友需要注意的是，在QQ账号申请注册页面中，可以同时选中"同时开通QQ空间"复选框，则在注册QQ账号成功的同时就已经开通了QQ空间，如图7-1所示。

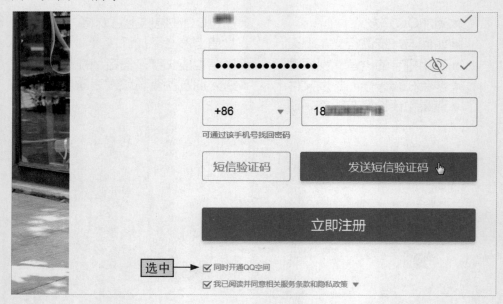

图7-1

7.1.1 设置自己的身份资料

中老年朋友注册QQ账号成功后，就可以使用QQ软件了。一般在首次登录QQ账号时，程序会让我们先编辑个人资料，下面就来讲讲填写资料的操作。

[跟我做] 完善个人QQ账号的资料

步骤01

单击电脑桌面上的QQ软件图标（如果没有，则在开始菜单中启动QQ），❶在登录界面输入自己的QQ账号和申请账号时设置的登录密码，❷单击"登录"按钮。如果想下次登录时不再手动输入密码，则此处可以选中"记住密码"复选框。

步骤02

打开QQ的操作界面，❶单击头像可以打开"资料编辑"界面，❷在打开的界面中单击"编辑资料"超链接。

步骤03

❶在"编辑资料"界面设置自己的基本信息，如昵称、性别、生日、职业、家乡和所在地等。❷单击"保存"按钮结束资料编辑操作。

7.1.2 添加QQ好友

中老年朋友完善自己的QQ账号资料后，接着要添加一些好友，这样才能与他人建立网络联系。下面来学习电脑版QQ添加好友的具体操作。

[跟我做] 搜索QQ号码添加熟人

步骤01

登录QQ账号，在主界面下方单击 按钮。

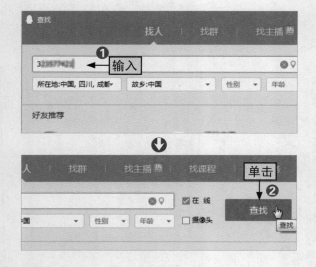

步骤02

打开"查找"界面，❶在搜索框中输入知道的好友或亲人的QQ号码，❷单击其右侧的"查找"按钮。

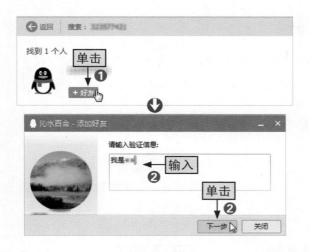

步骤03

界面下方会显示查找结果，❶单击"+好友"按钮。如果对方设置了添加好友验证，则此处会打开验证身份的界面，❷输入验证消息，❸单击"下一步"按钮。

步骤04

❶在添加好友界面给对方设置备注姓名（方便记住这个人是谁，和自己的关系）和分组，这里将其分到"我的好友"组中，❷单击"下一步"按钮。

步骤05

界面中将显示添加请求发送成功，单击"完成"按钮，等待对方通过好友请求。

步骤06

如果对方通过了好友请求，则会接收到对方同意添加为好友的消息，单击该消息闪动图标可立即打开聊天对话框。返回主界面，在"我的好友"组中就可看到刚才添加的好友。

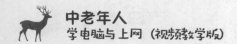
7.1.3 更改QQ界面的主题背景

如果中老年朋友觉得自己的QQ主界面不美观，可以更改界面外观，设置成自己喜欢的样式。下面来看看如何更改QQ主界面的外观。

[跟我做] 对QQ主界面进行设置"天气皮肤"

步骤01

在QQ主界面最上方单击■按钮。

步骤02

打开"更改外观"界面，在其中选择自己喜欢的皮肤（在这里还可以对聊天消息设置多彩气泡或者对主界面中放置的小程序进行设置），返回主界面就可看到更改外观后的效果。

拓展学习｜更多皮肤选择

如果在"更改外观"界面中没有自己喜欢的皮肤背景，则可以单击此界面右下角的"更多皮肤"按钮，打开"QQ装扮"网页，如图7-2所示，在其中进行挑选。

图7-2

7.2
QQ聊天与文件传送

 小精灵，你快来帮我一下，我要把之前去桂林游玩的照片发给我的女儿看，该怎么操作啊？

 爷爷，您是不是正在和您的女儿聊天啊，您可以直接在聊天界面传送文件，她马上就能收到您发的照片。

　　QQ软件的聊天功能不仅有文字输入，还可以进行语音通话和视频通话，让亲朋好友之间的沟通更方便。而且，中老年朋友还能通过QQ及时向他人传送文件，真正实现信息及时共享。

7.2.1 如何与好友进行文字聊天

　　中老年朋友要想与亲朋好友聊天，需要打开聊天界面。下面就来学习具体的操作过程。

[跟我做] 打开聊天界面输入文字信息

步骤01

在QQ界面中选择要与之聊天的人，在其头像位置双击。

步骤02

❶在聊天界面的下方输入框中，输入要发送的文字信息，❷单击"发送"按钮。

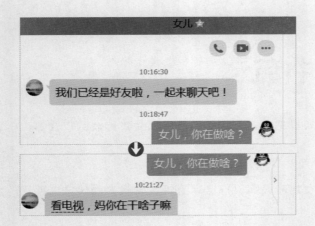

步骤03

界面上方会显示已经发出去的消息，当对方发消息过来时，界面上方也会显示。

拓展学习｜更改文字大小和设置消息发送快捷键

如果中老年朋友觉得聊天界面中的文字太小了看不清楚，❶可以单击输入框中的😐按钮，❷在弹出的菜单中选择"字体选择"选项，在打开的工具栏中就可对字体大小进行更改，如图7-3所示。如果觉得单击"发送"按钮才能发送消息很麻烦，则可以单击"发送"下拉按钮，设置发送消息的快捷键，如图7-4所示。

图7-3 图7-4

7.2.2 不用打字的语音、视频聊天

很多中老年人可能已经不太记得汉字拼音了，所以文字聊天会存在困难，这时我们可以直接与亲朋好友进行语音聊天或者视频聊天。

1.语音聊天

中老年人如果进行语音聊天，不用打字，只需说话就能沟通，同时还能听到对方的声音。下面以在电脑上与他人进行QQ语音通话为例，讲解具体的操作。

[跟我做] 与他人进行语音通话

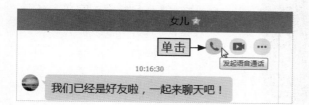

步骤01

选择好友，打开聊天界面，单击界面右上方的"发起语音通话"按钮。

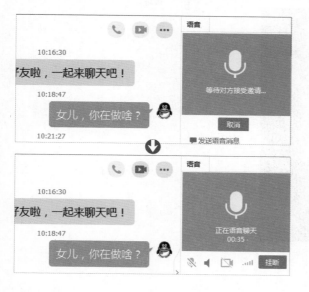

步骤02

在界面的右侧会打开"等待对方接受邀请"的提示对话框。当对方接受语音通话邀请后，双方就可进行语音聊天了。除了进行语音通话外，中老年朋友还可以发送语音消息，只需按住发送语音消息的按钮说话，说话完毕后释放按钮即可完成语音消息的输入。

2.视频聊天

中老年人在进行QQ聊天时如果想看到对方，则可开启视频聊天。下面以在电脑上与他人进行视频通话为例，讲解具体的操作。

[跟我做] 与他人进行视频通话

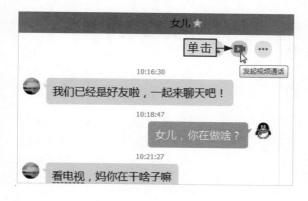

步骤01

单击聊天界面上方的"发起视频通话"按钮。

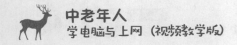
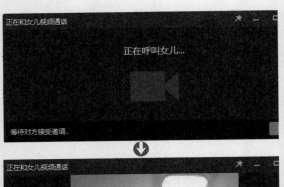

步骤02

程序会打开"等待对方接受邀请"的对话框，当对方接受视频通话邀请后，双方就可进行视频通话了。想要结束通话时，只需单击"挂断"按钮即可。

7.2.3 学会在聊天界面收发文件

在QQ中还可以实现快速传递文件资料的操作。下面以利用电脑版QQ传送旅游照片为例，讲解具体的操作步骤。

[跟我做] 将旅游照片发送给女儿

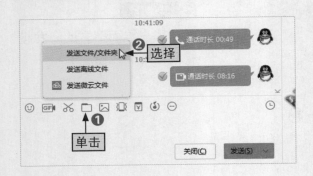

步骤01

打开聊天界面，❶单击消息输入框上方的▢按钮，❷在弹出的菜单中选择"发送文件/文件夹"选项。如果确定对方暂时不在线或无法收取文件，则选择"发送离线文件"选项。

步骤02

打开"选择文件/文件夹"对话框，在其中找到需要传送的文件存放的位置，❶选择文件或文件夹，这里选择"桂林旅游照片"，❷单击"发送"按钮。

步骤03

在聊天界面的右侧会显示文件或文件夹传送的进度，当对方接收完文件或文件夹后，聊天界面会提示"成功发送文件夹"消息。

技巧强化 | 接收文件或文件夹

在接收文件时，聊天界面的右侧会显示等待接收的消息，单击"另存为"超链接（单击"接收"超链接时文件会自动保存在默认位置），如图7-5所示。将接收到的文件或文件夹保存好后，聊天界面会显示成功保存文件或文件夹的信息，如图7-6所示。

图7-5

图7-6

7.3 QQ空间让社交更好玩

小精灵，我在浏览QQ空间时，看到亲朋好友发布的动态，想要写上几句话来评价一下，我要怎么做呢？

爷爷，这个很简单的，只要根据相应的操作打开评论框，在里面输入想要说的话就可以了。下面我就来给您演示一下吧。

　　QQ空间是腾讯QQ旗下的社交平台，中老年朋友可以在上面发布说说和日志，也能上传并保存照片，同时还能看见QQ好友发布的说说、日志和上传的照片。

7.3.1 进入QQ空间

　　进入QQ空间分两种情况，一是进入自己的QQ空间；二是进入他人的QQ空间。如果中老年朋友在申请注册QQ账号的页面忘记选中"同时开通QQ空间"复选框，则可以在QQ主界面单击📷图标进入QQ空间网页开通QQ空间。如图7-7所示。

图7-7

[跟我学] 快速进入QQ空间

　　●**进入自己的QQ空间**　与在QQ主界面单击📷按钮进行QQ空间的开通操作一样，要进入自己的QQ空间也需要单击该按钮，区别在于，当我们已经开通了QQ空间以后，进入的QQ空间网页不会再提醒我们开通QQ空间。

　　●**进入他人的QQ空间**　❶选择QQ好友并右击，❷在弹出的快捷菜单中选择"进入QQ空间"选项，打开QQ空间网页即可进入他人的QQ空间进行查看，如图7-8所示。

图7-8

7.3.2 查看和评论好友的空间动态

我们不用进入他人的QQ空间就能查看他们的空间动态，中老年人只需进入自己的QQ空间，程序默认显示的是所有QQ好友的空间动态。下面以在电脑版QQ空间上查看并评论好友的动态为例，讲解具体的操作。

[跟我做] 查看好友的动态并进行评论

步骤01

进入自己的QQ空间，在"好友动态"页面浏览和查看好友发布的说说、日志或上传的照片。若默认显示的不是好友动态，则需要单击"好友动态"选项卡。

步骤02

❶如果想要对好友的动态进行评论，则单击💬按钮，❷在其下方打开的评论框中输入想要说的话，❸输入完毕后单击"发表"按钮即可。

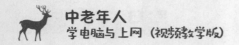

7.3.3 在空间写自己的"说说"

中老年朋友可以将每天的心情或状态以"说说"的形式，发布到QQ空间里面，记录生活的点滴。发表说说的操作比较简单，下面以在电脑版QQ空间里面发表说说为例，讲解具体的操作步骤。

[跟我做] 把当天发生的有趣事情写成"说说"

步骤01

进入自己的QQ空间，在发布说说的文本框中输入要发表的文字内容。

步骤02

文字、表情符号和照片/图片等录入完毕后，即可单击"发表"按钮发布说说。

拓展学习｜插入表情和照片/图片

在发布说说的文本框下方，中老年朋友可单击 按钮为说说插入表情符号，如图7-9所示。也可将鼠标光标移动到文本框右侧的 按钮处，选择相关选项上传照片或图片，如图7-10所示。注意，选择"本地"选项将上传电脑中保存的照片/图片，选择"相册"将上传QQ空间相册中的照片/图片。

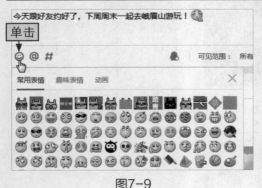

图7-9   图7-10

7.3.4 QQ空间也能保存照片

中老年朋友可以将电脑中的照片上传到QQ空间里面进行保存，普通用户的QQ空间存储容量为30G，开通会员的QQ用户的空间存储容量会更大。

[跟我做] 将电脑中的桂林旅游照片上传到QQ空间相册

步骤01

打开自己的QQ空间，单击"相册"超链接。

步骤02

❶在打开的页面中单击"上传照片/视频"按钮，❷单击"选择照片和视频"按钮。

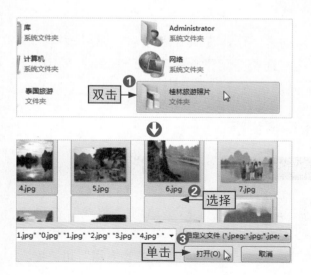

步骤03

❶在打开的"选择要加载的文件"对话框中找到需要上传的照片存储的位置，双击文件夹（或单击文件），❷选择需要上传的照片（按住【Ctrl】键可以进行多选），❸单击"打开"按钮。

步骤04

返回QQ空间，单击"开始上传"按钮即可开始上传选择的照片。在这里，如果中老年人发现还需要上传一些照片，则可单击"继续添加"按钮，重新打开"选择要加载的文件"对话框进行照片的选择。

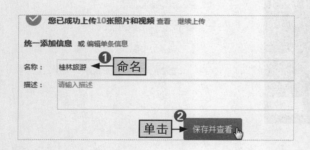

步骤05

当所有照片都上传成功后，QQ空间会自动跳转到保存页面，❶中老年朋友可对刚刚上传的照片命名，❷单击"保存并查看"按钮即可完成照片的上传操作。

7.3.5 通过QQ在电脑上打麻将

麻将已经成为众所周知的娱乐活动之一了，尤其在四川省非常受欢迎。中老年朋友不满足于线下约邻居打麻将，还都想要学会在网上玩麻将。下面以在QQ空间中打麻将为例，讲解具体的操作过程。

[跟我做] 在QQ空间中玩"欢乐麻将全集"

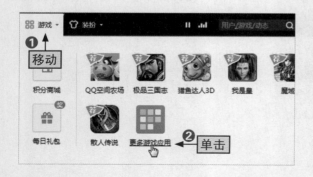

步骤01

打开QQ空间，❶将鼠标光标移动到"游戏"选项卡处，❷在弹出的菜单中单击"更多游戏应用"超链接。

步骤02

❶在新页面的右上角搜索框中输入游戏名称或关键字，这里输入"麻将"，❷选择"欢乐麻将全集"选项。

步骤03

在搜索结果页面中，❶单击对应游戏右侧的"+添加"按钮。❷页面将自动跳转到游戏开始的页面，单击"开始游戏"按钮。

步骤04

❶在新页面选择自己的角色，这里选择"女"选项，❷单击"确定"按钮。

步骤05

❶在打开的界面中选择"血战到底"选项，❷选择场次，如菜鸟场、平民场、官甲场和土豪场等，这里选择"菜鸟场–换三张"选项，也可直接单击页面右下角的"快速开始菜鸟场"按钮。

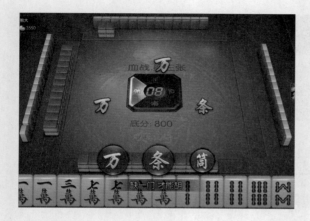

步骤06

进入游戏后开始与其他人打麻将。退出时可以单击页面上的"退出游戏"按钮，也可以直接关闭游戏页面。

拓展学习 | 与认识的人一起打麻将

❶在选择游戏的界面直接单击"好友同玩"按钮，❷在打开的页面右下方的"加入房间"文本框中输入好友创建的房间号，这里输入"1011"，❸单击"加入房间"按钮即可与认识的人一起打麻将，如图7-11所示。

图7-11

7.4 微信聊天、刷朋友圈和充值

小精灵，现在人人都在用微信，看着我的一些老友们都在用，你也教教我怎么用微信吧，他们还等着加我好友呢。

爷爷，其实微信的使用与QQ的使用差不多，只是微信一般在手机上使用而不在电脑上使用，那我就给您讲讲手机微信的使用方法吧。

微信包含的功能没有QQ的功能多，所以使用起来比较简单，而且便捷，只要携带手机就能随时操作。当然，这就需要中老年朋友在手机中下载安装微信软件，然后才能注册账号、登录并使用。

7.4.1 微信上怎么添加好友

使用微信与亲朋好友建立联系之前，同样需要注册账号、登录账号并添加好友。

[跟我做] 注册、登录微信账号并添加好友

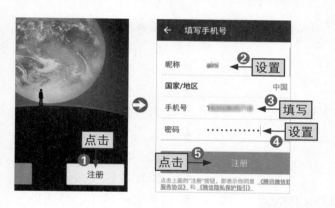

步骤01

在手机上下载安装微信后，点击微信图标，❶在打开的界面中点击"注册"按钮，❷在"填写手机号"的界面中设置微信号的昵称，❸填写手机号，❹设置微信登录密码，❺点击"注册"按钮。

步骤02

❶在"微信隐私保护指引"界面的下方点击"同意"按钮，❷在"安全校验"界面点击"开始"按钮。

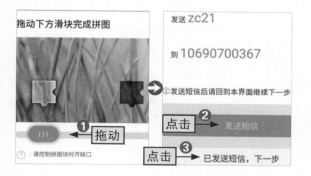

步骤03

❶在"微信安全"界面拖动滑块进行验证，❷在"发送短信验证码"界面点击"发送短信"按钮并发送短信，❸返回到该界面中点击"已发送短信，下一步"按钮。

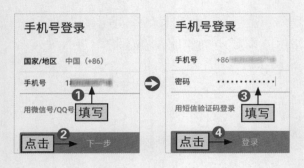

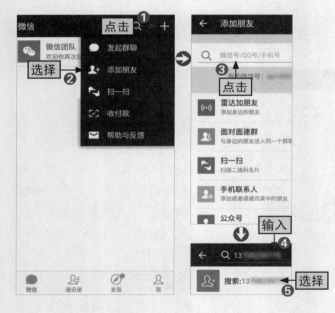

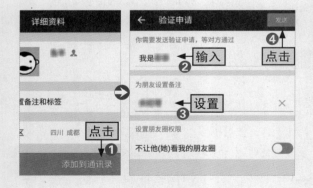

步骤04

注册成功后程序直接打开"手机号登录"界面，❶填写手机号，❷点击"下一步"按钮，❸填写密码，❹点击"登录"按钮。

步骤05

登录成功后，❶在微信主界面右上角点击➕按钮，❷在弹出的下拉菜单中选择"添加朋友"选项，❸在"添加朋友"界面直接点击搜索框（或者直接选择下方的"手机联系人"选项，快速添加好友），❹在搜索框中输入需要添加的好友微信号（一般是手机号码），❺选择下方的选项。

步骤06

❶在"详细资料"界面点击"添加到通讯录"按钮，❷在"验证申请"界面输入验证信息，❸为该好友设置备注，❹点击"发送"按钮，等待好友通过添加好友的申请，成功添加后就可以在"通讯录"列表中查看到该好友。

7.4.2 微信也能文字、语音和视频聊天

使用微信与亲朋好友聊天，不仅可以输入文字信息，还能录入语音信息以及拨打语音通话和视频通话。

1.文字聊天

微信聊天与QQ聊天类似，但因为界面的不同会有一些差别，下面就以在微信上找好友聊天为例，讲解具体的操作。

[跟我做] 与好友商量周末出去玩的事情

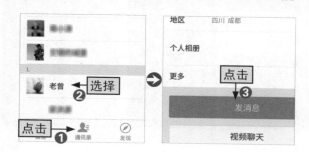

步骤01

❶在微信主界面点击"通讯录"按钮，❷在通讯录列表中选择要聊天的好友，❸在打开的"详细资料"界面点击"发消息"按钮。

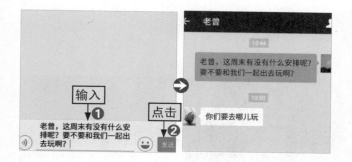

步骤02

❶在聊天界面的输入框中输入聊天信息，❷点击"发送"按钮即可完成文字聊天的信息输入操作。

拓展学习 | 给他人发送语音消息

在聊天界面的输入框左侧有一个 按钮，点击该按钮输入框会变成如图7-12所示的样子，手指按住"按住说话"按钮不放，录入要说的话，录入完毕后释放手指即可发送语音消息，如图7-13所示。

图7-12　　　　　　　　　　　　　图7-13

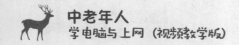

2.语音和视频通话

与QQ语音/视频通话一样，微信也能进行语音/视频通话。下面来看看怎么进行操作。

[跟我学] 如何进行语音/视频通话

● **语音电话** ❶点击聊天界面中的输入框右侧的⊕按钮，❷在菜单中点击"视频聊天"图标，❸选择"语音聊天"选项，等待对方接听语音电话，如图7-14所示。

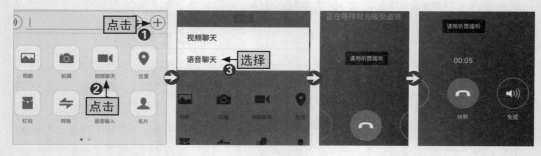

图7-14

● **视频通话** 在点击"视频聊天"图标后打开的界面中，选择"视频聊天"选项，等待对方接听视频电话，如图7-15所示。另外，也可以在好友"详细资料"界面中点击"视频聊天"按钮发起视频通话。

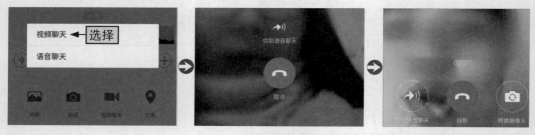

图7-15

7.4.3 进入朋友圈查看和发表动态

微信的朋友圈类似于QQ的空间，进入朋友圈可以查看亲朋好友的动态，也能发布自己的动态。

[跟我做] 使用微信朋友圈了解周围人的生活

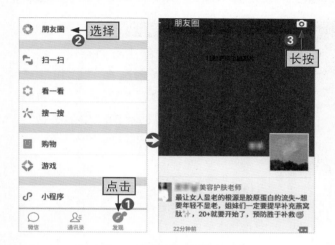

步骤01

❶在微信主界面点击"发现"按钮，❷选择"朋友圈"选项，在打开的界面中即可浏览亲朋好友的动态。❸长按右上角的◙图标可以打开朋友圈编辑界面。

步骤02

❶输入需要发布的动态信息，❷点击"发送"按钮即可发布自己的朋友圈。如果点击界面下方的☆图标，还能将该条朋友圈同步发表到QQ空间里面。

拓展学习 | 上传图片到朋友圈

在"朋友圈"界面右上角，点击◙图标，在打开的界面中即可选择马上拍照或者从相册中选择图片上传到朋友圈。如图7-16所示。

图7-16

7.4.4 用微信轻松就能缴水电气费

微信钱包的功能非常强大，中老年朋友不仅可以用于购买支付，还能购买货币基金做投资，除此之外还有其他很多城市服务，比如生活缴费和办理交通违法业务等。下面以在微信中缴纳煤气费为例，讲解具体的操作步骤。

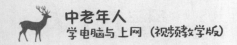

[跟我做] 通过微信直接为家庭缴纳煤气费

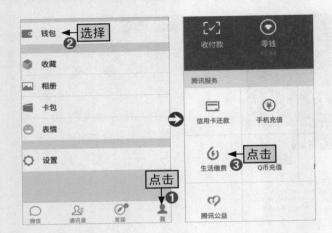

❶在微信主界面点击"我"按钮，❷选择"钱包"选项，❸在打开的"我的钱包"界面点击"生活缴费"图标。

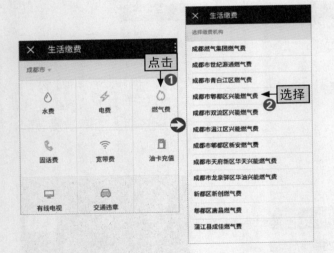

❶在"生活缴费"界面，程序可以自动定位中老年朋友的位置，点击"燃气费"图标，❷在打开的界面中会显示定位范围内的所有燃气公司，比如这里显示了成都市所有燃气公司，选择自家燃气卡上标注的燃气公司的名称选项，如这里选择"成都市郫都区兴能燃气费"选项。

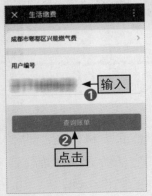

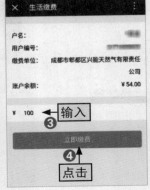

❶在打开的界面中输入气费缴费卡卡号，❷点击"查询账单"按钮，在新的界面中会看到账户余额，❸在数值框中输入要缴费的金额，如"100"，❹点击"立即缴费"按钮，完成支付即可。

第8章

中老年人偏好银行存款和理财产品

学习目标

中老年人上网，不仅可以听歌、看电视或聊天，还能进行理财投资活动，闲暇时就能轻松赚一些"外快"。学会利用网络投资理财，还能帮助自己的子女看顾他们手中的资产，认识一些理财人员，丰富老年生活。

要点内容

- 开通并激活网上银行
- 登录网银账号查询银行卡信息
- 支付宝与银行卡绑定
- 如何通过网银快速存款
  ……

- 将资金存入余额宝
- 通过微信钱包选择投资项目
- 如何购买银行推出的理财产品
- 筛选理财产品
  ……

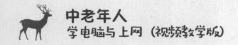
8.1 怎样用网络方便管理银行账户

小精灵，上次我到银行的自助存取款机处查一下我银行卡里面的余额，工作人员告诉我在网上银行就可以轻松查询，你快教教我吧。

没问题爷爷，您首先需要将自己的银行卡开通网上银行，然后上网登录账号就能查看银行卡里究竟还有多少钱，还可以转账汇款呢。

网络生活越来越丰富，也越来越便捷。中老年朋友也能通过上网的方式让一些日常事务变得简单、方便。

8.1.1 开通并激活网上银行

成为个人网上银行客户就可以享受7×24小时的全天候个人金融服务，中老年朋友不用再担心没有时间去银行办理业务了。下面以开通并激活中国邮政储蓄银行的网上银行账户为例，讲解具体的操作步骤。

[跟我做] 网上自助开通中国邮政银行的网上银行

步骤01

进入中国邮政储蓄银行的官网（http://www.psbc.com）首页，❶单击"个人网上银行登录"按钮，❷在打开的页面中单击"网上注册"超链接。

令：又称动态密码，是在乙方登录时依据乙方私人身份信息并引入不确定因素产生随机变化
预知性。
：是一种新型的智能卡片。乙方将万能卡与SIM卡贴合后，可以通过STK菜单中的手机银行
项交易。
行交易指令：指乙方以签约账（卡）号、用户名、UK数字证书或动态口令以及相应密码，
和电子支付等请求。
一户：卡折合一户签约电子银行且已关联凭证，卡或折在相同电子银行渠道具有同等的功

单击 ——► [同意] [不同意]

步骤02

在"阅读注册协议"页面阅读协议，决定注册开通网上银行就单击"同意"按钮。

中国邮政储蓄银行个

第一步：填写个人账户信息

| 注册账号/卡号： | 6▮▮▮▮▮▮▮▮▮▮▮▮ | * | ▶请 |
| 账户密码： | ######## | | ▶借 |

第二步：填写个人基本信息

证件类型：	身份证 ▼	*	◄━① 填写	▶请
证件号码：	▮▮▮▮▮▮▮▮▮▮▮▮▮▮▮	*		▶请字
中/英文姓名：	▮▮▮▮	*		▶您
性别：	女 ▼	*		▶请
固定电话：				▶请
手机号码：	▮▮▮▮▮▮▮▮▮			▶请果

第三步：设置个人网上银行登录密码

| 登录密码： | ######## | * 密码强度：强 | ◄━② 设置 | ▶登性 |
| 密码强度： | 弱 中 强 | | | ▶强 |

↓

第五步：填写验证码及附加码

③ [48ka] a
| 验证码： | 48ka | ◄━ 输入 | ▶请 |
④
| 短信密码： | 688048 | * [获取密码] ◄━ 单击 | ▶请 |
⑤ ↑
填写   单击 ⑥—► [注册] [重置]

步骤03

❶在打开的新页面中，先按要求安装邮政储蓄银行的相关控件，这样页面中的一些输入框才能正常显示出来。然后再填写个人账户和基本信息，❷设置登录密码，另外还要设置一些预留信息，比如预留文字、预留图片等，❸输入验证码，❹单击"获取密码"按钮，❺将手机收到的验证码填写到"短信密码"文本框中，❻单击"注册"按钮。

[注册]

| 手机号码： | ▮▮▮▮▮ |
| 固定电话： | |

预留信息

| 预留文字： | ▮▮▮ |
| 预留图片： | [图] |

单击 ——► [提交]

步骤04

在"确认个人基本信息"页面中查看个人信息，确认无误后单击"提交"按钮即可申请注册网上银行。

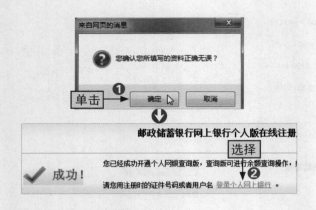

步骤05

❶在打开的提示对话框中单击"确定"按钮完成注册，❷单击"登录个人网上银行"超链接可打开个人网上银行的登录页面，也可以通过在官网首页单击"个人网上银行登录"按钮打开。

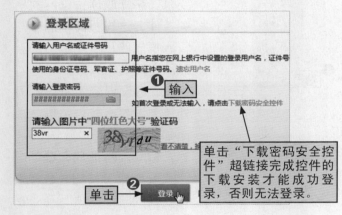

步骤06

❶进入"个人网上银行"登录页面，输入用户名或证件号码、登录密码以及验证码，❷单击"登录"按钮，成功登录网上银行后即可激活网上银行。

　　需要注意的是，不同的银行会因为自身的政策变动而影响自助注册开通网上银行的功能。所以，中老年朋友要时刻关注银行信息，根据提示进行网上自助注册，或去营业网点办理注册。

8.1.2 登录网银账号查询银行卡信息

　　登录网上银行后，中老年朋友可以查看相关银行卡的使用情况。下面就以查询银行卡余额为例，讲解具体操作步骤。

[跟我做] 查询银行卡的账户余额

步骤01

按照相应步骤成功登录个人网上银行后，页面会显示第几次登录。

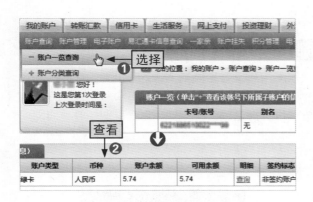

步骤02

将鼠标光标移动到"账户查询"选项卡处，❶在弹出的菜单中选择"账户一览查询"选项，❷在页面右侧可查看当前账户对应的银行卡的账户类型、币种、账户余额和签约标志等信息。

8.1.3 支付宝与银行卡绑定

中老年朋友如果将支付宝与银行卡绑定，则在进行很多网上理财或投资操作时会非常方便，下面以通过支付宝APP绑定银行卡为例，讲解具体操作。

[跟我做] 在支付宝中添加银行卡完成绑定

步骤01

在手机上点击支付宝APP图标，启动应用程序并登录，❶在主界面下方点击"我的"按钮，❷选择"银行卡"选项，❸在打开的界面中点击➕按钮。

步骤02

❶在打开的界面中输入需要添加的银行卡卡号，注意，程序会将"持卡人"默认为淘宝账号的实名制姓名，❷点击"下一步"按钮。确认信息无误后就提交申请，即可轻松绑定银行卡。

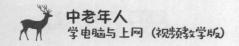

 拓展学习 | 其他可能需要绑定银行卡的情况

目前，网上支付手段越来越普及，不只是淘宝和支付宝等需要绑定银行卡，当我们在使用微信支付时也需要绑定银行卡，中老年朋友只需进入"钱包"页面点击"银行卡"图标，如图8-1所示，后续操作与支付宝绑定银行卡类似。除此之外，中老年朋友在京东网站或APP上购物以及在当当网或亚马逊书城上买书等，也往往需要注册账号并绑定银行卡，这样才能完成货款的支付。

图8-1

8.2 银行存款保本又赚利息

 小精灵，我想把我银行卡里的钱存成定期存款，可你看我腿脚不好，走去银行营业厅的话真的很麻烦，能直接上网办理吗？

 当然可以啦爷爷，之前您不是已经开通了网上银行吗，直接登录个人网上银行就能搞定您说的存定期业务。

开通了网上银行以后，中老年朋友不用再到银行营业厅办理存款业务，直接在网上就能自主办理，方便又快捷。

中老年朋友如果想让银行卡中存的钱发挥价值，可将其转存为定期存款。而登录网上银行就能实现这一操作，下面以中国邮政储蓄银行为例，讲解具体的操作步骤。

[跟我做] 网上银行实现自助存定期

步骤01

登录个人网上银行账户，❶在首页上方单击"转账汇款"选项卡，❷将鼠标光标移动到"定活互转"选项处，在弹出的菜单中选择"人民币定活互转/活期转定期"选项。

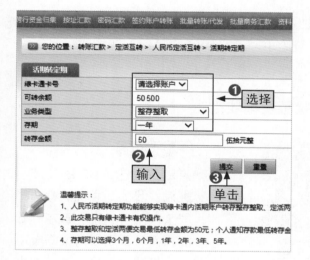

步骤02

❶在页面右侧选择活期存款的银行卡号，选择业务类型和存期，这里选择"整存整取""一年"选项，❷输入要存为定期存款的金额，❸单击"提交"按钮，按照相关步骤输入银行卡的取款密码即可。

拓展学习 | 网上银行自助转存的注意事项

以中国邮政储蓄银行为例，如果中老年朋友是自助注册的网上银行，则无法办理自助转存业务，只有到线下营业网点（银行营业厅）注册的网上银行才能在网上自助办理转存业务。另外，转存的定期存款类型决定着最低转存金额是多少，比如，中老年朋友要将银行卡中的钱转存为整存整取定期存款，则最低转存金额为50元。

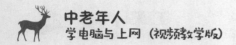

听我的一些好友说，什么余额宝最近的收益很可观呐，说是每天每1万元就有1元多的收益，而且里面的钱随时取出来都可以。

是的，爷爷。把钱存入余额宝就相当于买了一种货币基金。现在市场中有很多像余额宝这样的货币基金理财产品呢。您是不是想试试？我可以教您。

8.3.1 将资金存入余额宝

将资金存入余额宝的操作其实很简单，通过绑定的银行卡就能实现。下面以通过支付宝APP向余额宝中存钱为例，讲解具体的操作。

[跟我做] 把银行卡里的钱存入余额宝得收益

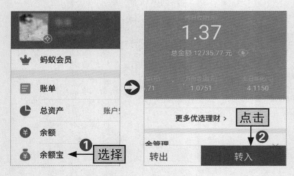

步骤01

启动支付宝APP并登录，进入"我的"页面，❶选择"余额宝"选项，❷在打开的界面可看到当前余额宝中的金额和昨天的收益，点击下方的"转入"按钮。

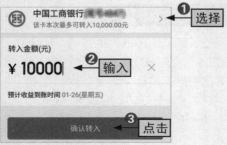

步骤02

❶在打开的界面中选择绑定的银行卡，❷输入要存入余额宝的金额，❸点击"确认转入"按钮，按相关步骤输入支付密码即可完成操作。

拓展学习 | 资金存入余额宝要注意的问题

转入余额宝的资金来源除了有银行卡外，还可以是支付宝的账户余额。注意，选择的银行卡必须是与支付宝或淘宝绑定的银行卡，否则无法实现转入操作。另外，不同银行的银行卡可能对应的每次转入余额宝的限额有所不同。

8.3.2 通过微信钱包选择投资项目

　　在本书第7章介绍了微信的使用，其中涉及到了"钱包"功能。中老年朋友如果嫌网上投资理财麻烦，还可直接利用微信理财，方便、安全且快捷。下面以在微信中购买理财产品为例，讲解具体的操作过程。

[跟我做] 在微信中购买理财产品要进行风险测评

步骤01

启动微信APP并登录，进入"我的钱包"界面，❶点击"理财通"图标，❷浏览打开的"腾讯理财通"界面，选择感兴趣的理财产品，如这里选择"定期45天，享受好收益"产品选项。

步骤02

❶在打开的界面点击"买入"按钮，❷中老年朋友第一次购买理财产品时，要先进行风险测评，点击"立即测评"按钮完成测评。

步骤03

❶完成测评后点击"我已了解，立即买入"按钮可返回购买界面，再次点击"买入"按钮，❷在打开的界面中输入投资金额，如"10000"，❸选择到期后"自动买入"选项，❹选中"同意服务协议及风险提示"复选框，❺点击"买入"按钮，完成后续支付操作即可。

拓展学习 | 风险测评与"到期后"选项

在微信理财通中购买理财产品时，第一次购买时需要进行风险测评，除此之外，过很长一段时间后再次购买也需要进行风险测评；第二次购买的理财产品风险很高的也要进行风险测评。

"到期后"栏可用于设置购买的理财产品到期后是"自动买入下一期"的该理财产品，还是到期后"取出至"相应的账户余额或银行卡中。

8.4 选购银行理财产品

小精灵，每次去银行营业厅办理业务时，都会看到单间的理财室，这跟在柜台办理存款业务有什么区别吗？

区别可大啦，爷爷。理财室里办理的是理财产品业务，不过，现在您可以直接在网上就能购买理财产品，不用去营业厅了。

中老年朋友登录个人网上银行后，不仅可以进行自助存款，还能购买银行当前正在销售的理财产品，但前提是网上银行要在银行网点处开通注册。

8.4.1 各商业银行的部分理财产品介绍

各大商业银行的理财产品有很大的区别，且随时都在变化，中老年朋友要根据自身的实际情况做合理的选择。下面介绍目前常见商业银行的部分理财产品，如表8-2所示。

[跟我学] 各商业银行的主要理财产品简介

表8-2

银行	产品名称	介绍
工商银行	工银灵通快线	该系列为人民币理财产品，具有安全性佳、流动性强和预期收益高的特点，包括"T+0"交易的超短期理财产品和个人超短期-7天增利人民币理财产品
	步步为赢	该系列的理财产品具有高流动性、高安全性和收益随持有产品时间递增的特点，持有满3个月、6个月和一年的预期收益率远高于同期限定期存款
	保本稳利	理财人每日均可购买该系列的理财产品，全年无休，随时在线，随时提交购买申请。该类产品收益可观、流动性高，向理财人提供自动再投资功能，享受资金投资"无缝续接"
	"e灵通"净值型个人无固定期限	该系列产品是工商银行的银行理财产品中首款支持365天7×24小时资金赎回、实时到账确认的产品，其稳定性、流动性和安全性保持在相对平衡的状态，首次购买后可追加投资
农业银行	金钥匙·本利丰	该系列产品保本保证收益，风险较低，有无投资经验的投资者均可以认购
	金钥匙·安心得利	该系列产品的期限灵活，均为非保本浮动收益型，有无投资经验的投资者均可认购，存续期内不能提前终止，但产品投资期在14天到一年以上不等，可实现投资者资金在不同期限产品间的循环
	农银私享·稳健	该系列是封闭式非保本浮动收益型理财产品，有损失本金的风险，投资者可在认购期内进行认购。该类产品不设预期收益率，属于中等风险理财产品
建设银行	乾元	该系列为非保本浮动收益型理财产品，不保证本金和收益，银行隔一段时间会推出新的型号，适用于稳健型、进取型和积极进取型的投资者购买
	汇得盈	该系列产品是将金融衍生工具与传统金融产品相结合组成的具有一定风险特征的个人外汇投资理财产品，包括具有远期、期货、掉期（调期、互换）和期权中一种或多种特征的结构化产品。该类产品为非保本浮动收益型，不保证本金和收益，但风险比乾元系列低一些，适用于收益型、进取型和积极进取型投资者

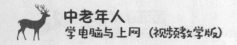

续表

银行	产品名称	介绍
交通银行	得利宝天添利	该系列大多为保本浮动收益型理财产品，有无投资经验的投资者均可认购。银行持续运作，没有固定的到期日，但银行有权提前终止
	稳添利×天	该系列大多为保证收益型理财产品，有无投资经验的投资者均可认购。隔一段时间会推出阶段性的产品
中国邮政储蓄银行	邮银财富	该系列有不同风险等级的理财产品，如邮银财富·保丰（较低风险）、邮银财富·瑞享（高风险）、邮银财富·畅享（高风险），其中，邮银财富·保丰类每年分期发售
	邮银财智	该系列有不同风险等级的理财产品，如邮银财智·盛盈（较低风险）、邮银财智·盛利（中等风险），其中，邮银财智·盛盈和邮银财智·盛利这两类都是每年分期发售
	金苹果	该系列产品一般以"金苹果×号"命名，不同时期号数不同，有的是较低风险产品，有的是较高风险产品

8.4.2 如何购买银行推出的理财产品

中老年朋友在各大商业银行的网上银行中购买理财产品的操作是类似的，下面以在工商银行网上银行中购买理财产品为例，讲解具体的操作步骤。

[跟我做] 购买工商银行的"保本稳利273天"产品

中国工商银行

| 存款与贷款 | | 信用卡 | 移动 → ❶ | 投资理财 |

业务办理   指南

理财产品 ← ❷ 单击 的理财   理财产品净值

贵金属交易   行情报价   实物贵金属

基金产品   基金定投   收益排行

结售汇   外汇买卖   外汇牌价

记账式债券   我的债券   新发债券

保险产品   我的保险   保险指南

账户商品   第三方存管   券商看市

🔶 步骤01

进入工商银行网上银行首页（http://www.icbc.com.cn/），登录个人账号，❶将鼠标光标移动到"投资理财"选项卡处，❷在弹出的菜单中单击"理财产品"超链接。

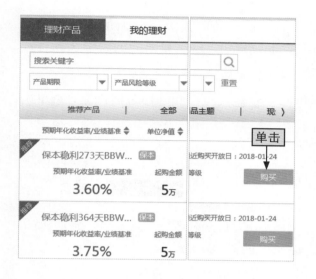

浏览打开的页面，其中有很多理财产品，选择想要购买的一款，这里选择"保本稳利273天"产品选项，单击其右侧的"购买"按钮。接着输入投资金额并完成支付即可。

8.4.3 筛选理财产品

如何在网上银行中快速找到可以购买且可能感兴趣的理财产品，是中老年朋友需要学会的操作。下面以在工商银行网上银行中进行理财产品的筛选为例，讲解具体的方法。

[跟我学] 根据不同因素筛选理财产品

● **按产品期限进行筛选** 工商银行网上银行"理财产品"页面默认列举的是在售或预售理财产品（有些银行会让投资者选择理财产品的销售状态，如在售、预售或已售完等），中老年朋友❶单击"产品期限"下拉按钮，❷在弹出的列表中选择感兴趣的产品期限，这里选择"31-90天"选项，如图8-2所示。

● **按产品风险等级进行筛选** 每个商业银行几乎都包括低、较低、中等、较高和高这5类风险的理财产品，❶单击"产品风险等级"下拉按钮，❷选择能承受的风险等级，如这里选择"PR2-风险较低"选项，如图8-3所示。

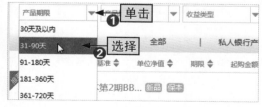

图8-2

图8-3

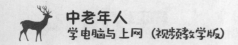

● **按收益类型进行筛选** 工商银行的理财产品收益类型分为保本浮动和不保本浮动两大类，❶单击"收益类型"下拉按钮，❷在弹出的列表中选择合理的收益类型，比如这里选择"保本浮动"收益选项，如图8-4所示。

● **按币种进行筛选** 每个商业银行都会涵盖人民币和外币理财产品，❶单击"币种"下拉按钮，❷在弹出的列表中选择想要投资的币种类别，比如这里选择"人民币"币种选项，如图8-5所示。

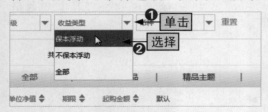

图8-4

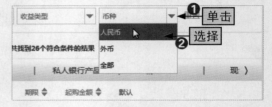

图8-5

 拓展学习 | 关于筛选因素的说明

每个商业银行的网上银行"理财产品"页面的筛选因素是有差异的，中老年朋友要根据具体情况进行选择。下面对常见的商业银行的理财产品筛选因素进行说明。

1.农业银行的筛选因素一般有：销售状态、投资期限和收益类型。

2.建设银行的筛选因素一般有：发行区域、销售状态、预期收益、投资期限、起购金额、可否赎回、是否保本、风险等级和投资币种。

3.交通银行的筛选因素一般有：产品类型（活期和定期）、收益类型、收益率/业绩比较基准、产品期限、币种和销售渠道。

4.邮政储蓄银行的筛选因素一般有：币种和风险等级。

第9章

上网炒股，中老年人也能做点投资

学习目标

炒股并不是年轻人的"专利"，中老年人也可以在空闲的时候学习炒股，好好利用网络这一便捷工具，给自己的生活多找点乐趣。与此同时，中老年朋友还可能通过上网炒股，提高自己的资产价值，为养老生活创造更多可能性。

要点内容

- 上东方财富网查看股市大盘
- 详细了解个股行情
- 在活动区与网友交流炒股经验
- 观看炒股视频
- 网上开户流程
- 开模拟账户炒股
- 登录并认识通达信的基础界面
- 快速找到目标股票并查看其行情
- 使用技术指标解析个股行情

9.1 网上查看股市行情

最近我的很多老友都在谈论股市行情，虽然我还没有想过投资股票，但却想与我的伙伴们有话题可聊，小精灵，你教我怎么关注股市行情嘛！

好的，爷爷。其实有很多金融信息类网站上都会发布当前股市行情，比如东方财富网，进入网站我们可以轻松查看股市的详细情况。

中老年朋友上网查询股市行情时，不仅可以看股市大盘的走向，还能了解个股行情，甚至还能与网友们畅谈炒股经验。除此之外，中老年朋友还可以通过观看炒股视频学习如何炒股。

9.1.1 上东方财富网查看股市大盘

股市大盘一般指上证综合指数，在东方财富网上，中老年朋友可方便、快速地查看大盘走势图。具体操作步骤如下。

[跟我做] 查看"上证指数"的行情走势大图

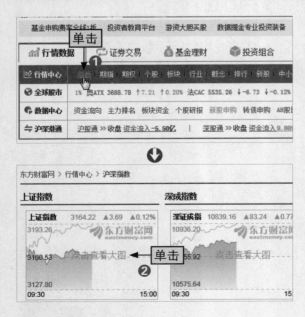

步骤01

进入东方财富网首页（http://www.eastmoney.com/）可看到非常丰富的股市数据和相关资讯，找到"行情数据"选项卡下的"行情中心"栏，❶在其中单击"指数"超链接。在新打开的页面中有上证指数和深圳成指等走势图，❷单击"上证指数"图片查看大图。

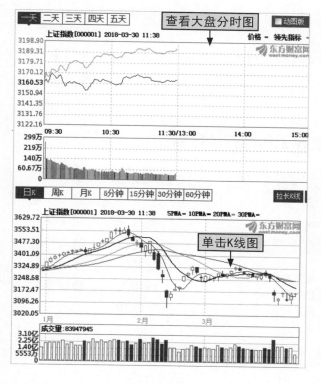

步骤02

在打开的页面中可看到大盘走势图的分时图和各种周期的K线图，在分时图中，图两侧的红色数据表示指数上涨，绿色数据表示指数下跌；在K线图中，中老年朋友可以选择统计周期，查看不同周期对应的上证指数K线图，如果要查看更加详细的K线图，可直接单击K线图的任意位置。

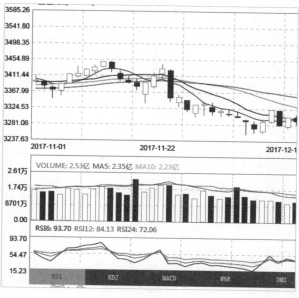

步骤03

在打开的页面中可看到详细的K线图，包括各个统计周期的K线、成交量、各类趋势线和各类技术指标等，通过K线图周围的选项卡可进行显示内容的切换。注意，在该页面中直接滚动鼠标滚轮（中键），会相应改变页面中展示的趋势图，所以，要想往下浏览页面，最好利用鼠标左键拖动页面右侧的滑块。

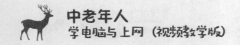
9.1.2 详细了解个股行情

查看股市大盘走势只是了解股市大局情况，中老年朋友要想真正了解某只股票，还需要查看个股行情。下面也以在东方财富网上查看个股行情为例，讲解具体操作步骤。

[跟我做] 在东方财富网站上查看工商银行的行情

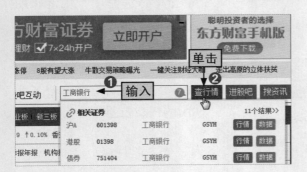

步骤01

进入东方财富网首页，❶在"行情数据"选项卡所在行的右侧文本框中输入个股的名称或关键字，如这里输入"工商银行"，❷单击"查行情"按钮。

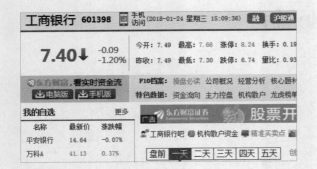

步骤02

在打开的页面中即可看到工商银行的股票当前价格、涨跌情况、昨日成交信息、分时图、K线图、公司的基本情况介绍以及公司的要闻和公告等信息。

9.1.3 在活动区与网友交流炒股经验

东方财富网有自己的股吧，它类似于百度贴吧，是股民和网友在线交流的重要平台，相关交流步骤如下。

[跟我做] 使用东方财富网股吧交流炒股经验

步骤01

在文本框中输入个股名称后单击"进股吧"按钮。

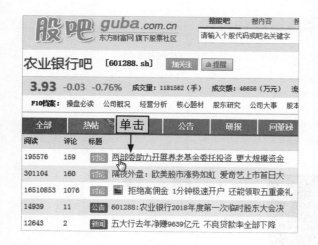

打开的页面即为该只股票的股吧，中老年朋友可以在其中直接看到每一篇帖子的标题。如果想要查看某一篇帖子的具体内容，或是对内容发表意见，单击其标题超链接。

浏览打开的页面，❶在页面下方可查看其他网友对该篇帖子的全部评论。如果中老年朋友对该篇帖子的内容也有要发表的感想，则❷单击"评论"超链接，跳转到全部评论的下方，❸在"评论该主题"文本框中输入想要说的话，❹单击"发布"按钮即可评论该帖子。若有网友或股民回复了评论，就达到了相互交流的效果。

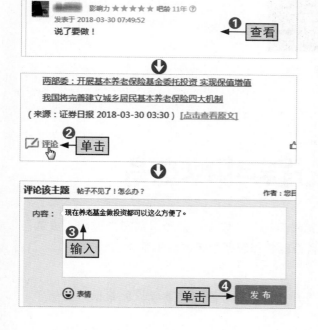

　　中老年朋友在股吧与股民或网友在线交流时，要学会辨别帖子内容的真伪，对一些投资机构胡乱散播的获利信息或高利润信息不能轻易相信。

9.1.4 观看炒股视频

　　纯文字的股票信息可能无法引起中老年人的兴趣，东方财富网站中还收集了一些炒股视频供网友和股民们观看，具体观看操作流程如下。

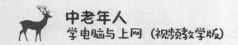

中老年人
学电脑与上网（视频教学版）

[跟我做] 直接在东方财富网站中观看炒股视频

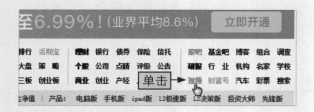

步骤01

进入东方财富网首页，在页面上方单击"视频"超链接即可进入视频学习页面。

步骤02

在打开的页面中即可选择相应的视频进行学习。注意，在视频播放界面的左侧和下方都有可供选择的视频。

9.2 炒股的开户流程和模拟交易

爷爷，如果您想懂更多的股票投资知识，需要了解炒股的开户流程，或者还可以进行一些模拟交易，这样更能掌握股票投资的具体操作。

这样啊，那你就教教我怎么开户、怎么进行模拟交易呗。如果以后熟悉了，我也真的想试试买点股票呢！

　　股票投资过程中，开户方式有两类，一是直接进入证券公司的官网进行开户；二是下载安装炒股软件后在软件登录界面进行开户。本小节将以网页操作为例，讲解具体的开户流程和模拟交易过程。

9.2.1 网上开户流程

　　中老年人学习炒股，必然会涉及到开户与交易等流程。下面以在长江证券的官网上直接开户为例，讲解具体的开户流程。

[跟我做] 在长江证券官网上为股票投资开户

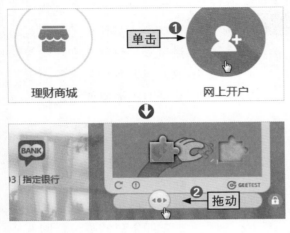

进入长江证券的官网首页
（https://www.95579.
com/），❶单击"网上开
户"图标，❷在打开的页面
中拖动滑块完成验证。

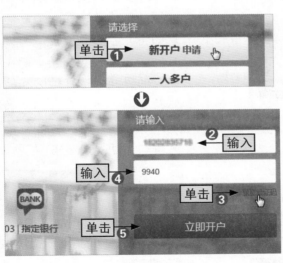

步骤02

❶单击"新开户申请"按
钮，❷第一个文本框中输入
手机号码，❸单击"获取验
证码"超链接，❹将接收到
的短信验证码输入到第二个
文本框中，❺单击"立即开
户"按钮。

步骤03

在打开的页面中，将鼠标光
标移动到"上传影像"图标
处，单击"本地上传"按
钮，分别选择身份证的正面
和背面照片并上传。

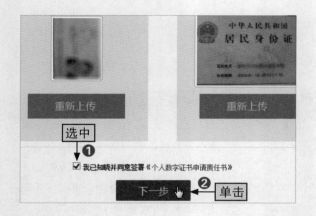

上传成功后，❶选中"我已知晓……"复选框，❷单击"下一步"按钮。注意，上传的个人身份证图片要能看清楚身份证号码和住址等信息，且照片中的形象与视频验证时的形象要相近。

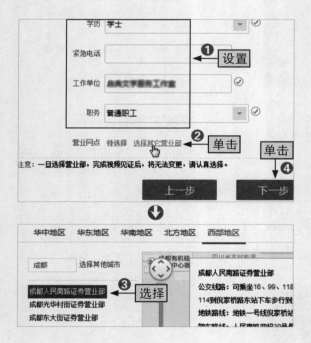

❶在打开的页面中，系统已自动生成个人基本信息，中老年朋友只需要设置职业、学历、工作单位和职务等信息即可，❷然后单击"选择其他营业部"超链接。❸在打开的界面中选择地区和具体营业部，单击下方的"确定"按钮后就会返回到个人资料页面，❹单击"下一步"按钮。

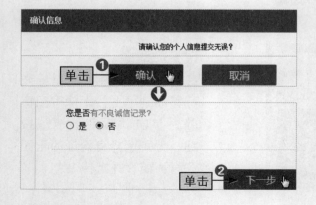

❶在"确认信息"对话框中单击"确认"按钮，❷依次单击"下一步"按钮，完善个人资料并完成风险测评。

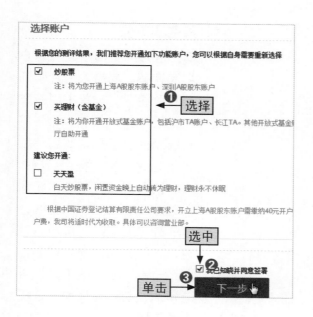

根据风险测评结果，证券公司会自动帮助中老年朋友选择账户，❶也可自行选择，❷选中"我已知晓并同意签署"复选框，❸单击"下一步"按钮，设置密码并选择银行，最后进行视频认证，网上开户的操作就完成了。

9.2.2 开模拟账户炒股

中老年朋友投资理财偏向于保守，都担心贸然开户进行投资容易造成损失。所以，可以选择使用模拟账户先练习炒股。下面以在叩富网注册模拟账户进行模拟炒股为例，讲解具体的操作。

[跟我做] 在叩富网开通模拟账户并买入股票

进入叩富网官网首页（http://www.cofool.com/），在页面右侧单击"免费注册"按钮。

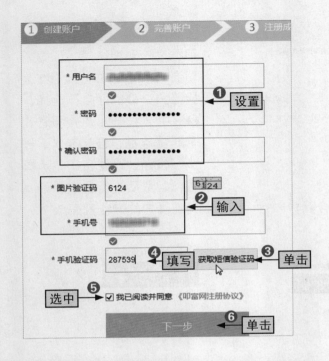

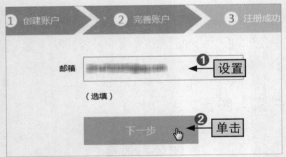

步骤02

❶在打开的页面中设置用户名和密码，❷输入图片验证码和手机号，❸单击"获取短信验证码"按钮，❹将手机收到的验证码填写到"手机验证码"文本框中，❺选中"我已阅读并同意《叩富网注册协议》"复选框，❻单击"下一步"按钮。注意，《叩富网注册协议》在"下一步"按钮的下方，中老年朋友在注册之前一定要阅读该协议。

步骤03

❶设置收取信息的邮箱，❷单击"下一步"按钮即可注册成功。设置邮箱的操作为选填，但为了中老年朋友能及时获取网站信息，最好填写邮箱地址。

步骤04

返回到叩富网首页会看到已经自动登录刚注册的账号，此时单击"个人中心"按钮。

步骤05

在打开的页面中单击"进入交易"超链接。

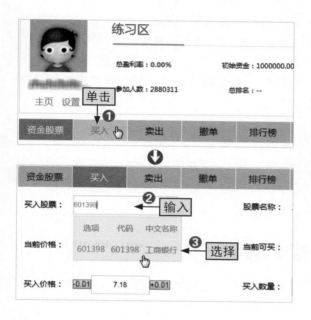

步骤06

在打开的页面中可查看模拟账户当前资金额（一般为100万元），在该页面中不仅可以模拟买卖交易，还能查看股票实时行情。❶单击"买入"选项卡，❷在"买入股票"文本框中输入股票的代码，如这里输入工商银行的股票代码"601398"，❸在弹出的列表中选择选项（或直接按【Enter】键）。

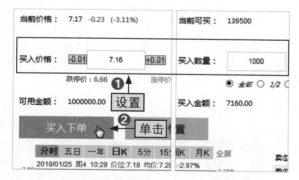

步骤07

❶设置买入价格和买入数量，如这里设置为"7.16"和"1000"（这里的1000为股数，一般1手=100股），❷单击"买入下单"按钮。

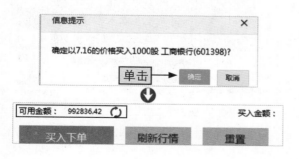

步骤08

在"信息提示"对话框中单击"确定"按钮，完成股票的购买操作。返回到"买入"界面可查看账户当前剩余金额。

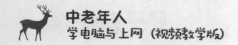

9.3 选择一款炒股软件来用

小精灵，上次你教我进行了炒股的模拟操作以后，我学习了很久，但总觉得没有真实感，我是不是可以再安装一款炒股软件来练练？

可以啊，爷爷，如果您安装炒股软件，查看股市行情和进行股票买卖会更方便，而且能看到更多的实时成交情况。

　　中老年朋友要深入学习炒股，最好的方法还是借助于专业的炒股软件，因为软件中的数据会更及时有效，功能更多，操作更方便。目前市场中有很多炒股软件，根据性质不同可分为投资机构软件、证券公司软件和看盘软件等。本节内容将以通达信软件为例，为中老年朋友做具体介绍。

9.3.1 登录并认识通达信的基础界面

　　在登录通达信之前，中老年朋友需要先下载安装通达信，安装完成后便可使用该软件了解股票行情。

1.通达信登录方式

　　中老年朋友使用通达信时，有3种登录方式，根据实际情况选择其中一种进行登录。

[跟我学] 通达信的3种登录方式

　●　**输入账号密码登录**　如果中老年朋友要进行股票的买卖，就必须输入账号和密码进行登录，其他方式登录的情况下是不能进行买卖交易的。
❶打开通达信软件，进入登录界面，在"收费高级行情登录"选项卡下填写"登录用户"和"登录密码"，
❷单击"登录"按钮，如图9-1所示。

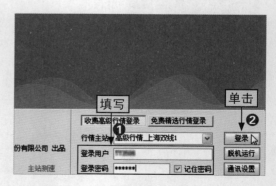

图9-1

拓展学习 | 如何注册通达信软件账户

中老年朋友在通达信登录界面中单击"注册与购买"超链接，即可打开该软件的"注册与购买"页面，其中说明了注册的步骤，按照步骤完成支付即可注册成功，同时获得一个通达信账户。

● **联网免费登录** 如果中老年朋友安装通达信只是为了方便查看信息而不进行股票买卖，则无需注册账号，直接进行免费登录。❶进入登录界面，单击"免费精选行情登录"选项卡，❷单击"登录"按钮，如图9-2所示。

● **不联网脱机登录** 如果家里的网络出现了问题，或者想要在不联网的情况下登录，中老年朋友就可进行脱机登录。此时的通达信不会更新数据，中老年朋友只能看到更新前的行情，进入登录界面，单击"脱机运行"按钮，如图9-3所示。

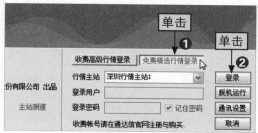

图9-2　　　　　　　　　　图9-3

2.通达信的基本界面

登录通达信后就可进入主界面，这里主要有4个组成部分。

[跟我学] 通达信的主界面组成部分

● **报价区域** 该区域包括了所有股票的代码、涨跌和限价等实时信息，其中，红色表示价涨，绿色兼具负号的表示价跌，黑色表示价格不变，如图9-4所示。

	代码	名称	涨幅%	现价	涨跌	买价
1	000001	平安银行	-3.55	14.12	-0.52	14.11
2	000002	万科A	-3.04	39.88	-1.25	39.88
3	000004	国农科技	-0.82	21.90	-0.18	21.86
4	000005	世纪星源	0.95	4.24	0.04	4.23
5	000006	深振业A	–	–	–	–
6	000007	全新好	–	–	–	–
7	000008	神州高铁	-1.20	8.22	-0.10	8.22
8	000009	中国宝安	1.47	6.88	0.10	6.87
9	000010	美丽生态	0.00	5.33	0.00	5.33
10	000011	深物业A	-0.34	17.74	-0.06	17.73

图9-4

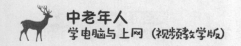

● **菜单栏** 位于主界面的最上方，包括系统、功能、报价、分析、扩展市场行情、资讯、工具和帮助等菜单项，中老年朋友可进行功能和各种市场分析方法的选择，如图9-5所示。

● **工具栏** 位于主界面的最右侧，包括向前翻页、向后翻页、报价分析和技术分析等按钮，单击这些按钮可快速切换主界面的显示内容，如图9-6所示。

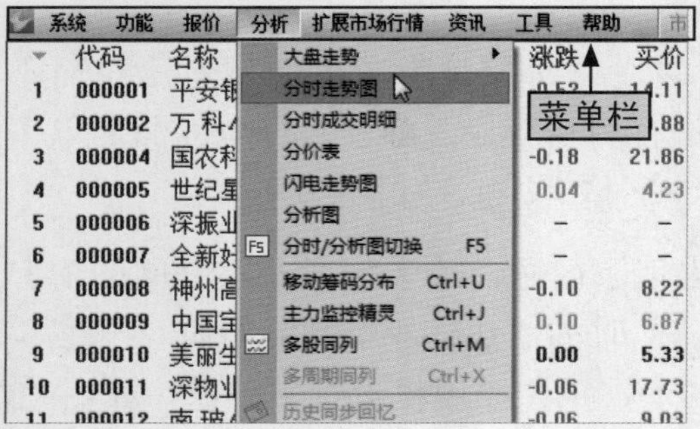

图9-5

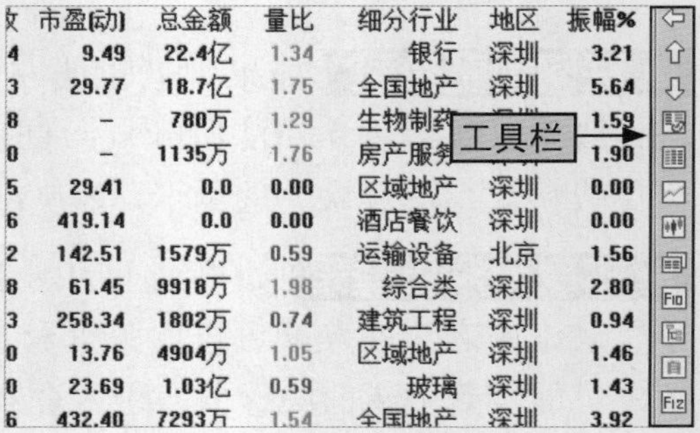

图9-6

● **选项卡组** 位于主界面最下方，主要是一些对股票进行分类的选项卡，如"A股""中小""创业""B股""基金""债券"等。中老年朋友单击这些选项卡可自由切换不同市场，查看相应市场中的股票行情，如图9-7所示。

图9-7

9.3.2 快速找到目标股票并查看其行情

在通达信中，中老年朋友有很多方法可以快速找到想要查看的股票。

1.通过通达信的键盘精灵查找股票

中老年朋友进入通达信主界面后，直接利用键盘打字输入股票名称或代码就能快速启动键盘精灵。这是查找目标股票的最快捷方法，具体操作如下。

[跟我做] 直接输入股票名称或代码进行查找

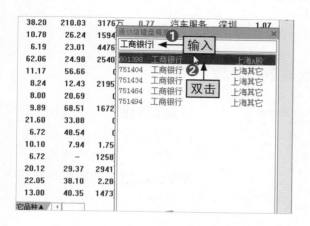

步骤01

进入通达信主界面，❶输入股票的名称或代码，如这里输入"工商银行"并按【Enter】键就能启动键盘精灵，❷在列表框中可双击股票名称即可进入股票的日K线图界面。

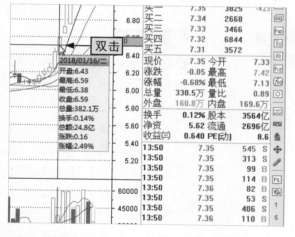

步骤02

在日K线图界面，显示的是近几个月每天的股票价格，双击K线图上的任意位置即可打开对应日期的分时图界面，如这里双击2018年1月16日的阳线图标。该界面右侧显示的是当日该股成交价格和涨跌情况。

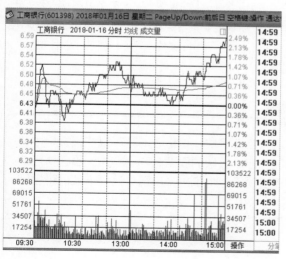

步骤03

在打开的分时图中，中老年朋友可查看2018年1月16日当天所有时刻的工商银行的股票价格以及当天股票价格的走势情况。查看完毕后，连续按【Esc】键就可退出分时图和日K线图界面，返回到主界面。

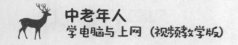

2.通过板块分类查找

通达信将股票的品种按照各种板块进行划分，如地区板块、行业板块和组合板块等。下面就讲解通过该方法查找目标股票的具体操作。

[跟我做] 打开"选择品种"对话框查找股票

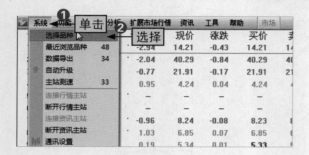

🎯 **步骤01**

❶在通达信主界面上方菜单栏中单击"系统"菜单项，❷在弹出的下拉菜单中选择"选择品种"选项。

🎯 **步骤02**

❶在打开的"选择品种"对话框中单击板块选项卡，这里单击"行业板块"选项卡，❷在列表中选择相应的行业，这里选择"银行"选项，❸在右侧选择具体的银行，这里选择"平安银行"选项，❹单击"确定"按钮即可进入平安银行股票的日K线图界面。查看分时图的操作与前一种方法相同。

🎯 **技巧强化丨将个股加入自选股**

中老年朋友可以将经常需要了解的股票加入自选板块，这样以后就可以在该板块中快速查找到需要查看的股票。❶在需要添加到自选板块的股票名称上右击，❷在弹出的菜单中选择"加入到自选股"命令，❸在选项卡组中单击"自选"选项卡就可查看到刚才添加的股票，如图9-8所示。

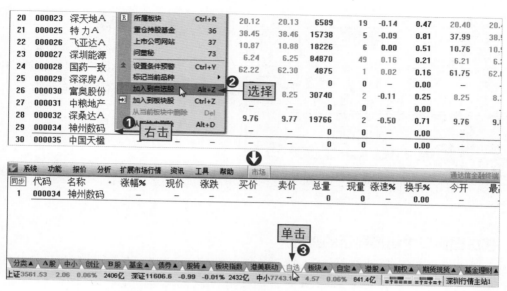

图9-8

9.3.3 使用技术指标解析个股行情

通达信软件中有很多技术指标可供中老年朋友用来分析个股的行情，对于指标是否显示，中老年朋友可进行一些操作。

1.在副图窗口中查看个股技术指标

技术指标是辅助分析股票价格的重要工具，通达信中，一般的技术指标均在副图窗口中显示，所以至少要打开两个窗口。更改窗口个数的操作如下。

[跟我做] 打开副图窗口查看个股的基本技术指标

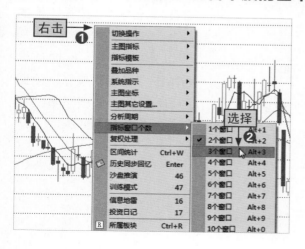

步骤01

❶进入某只股票的日K线图界面，在任意位置右击，❷在弹出的菜单中选择"指标窗口个数/3个窗口"命令。注意，在弹出的菜单中显示勾选了"2个窗口"命令，说明当前日K线图界面中显示了两个窗口，一个主图窗口，一个副图窗口。

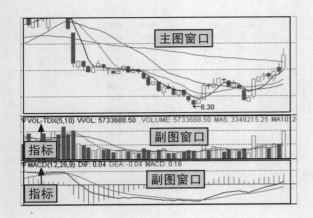

返回主界面即可看到显示了3
个窗口，其中的副图窗口中
便显示了不同的技术指标。

2.在主图窗口中切换显示的指标

一般在主图窗口中显示的是MA指标，即均线指标。如果中老年朋友想让
主图窗口显示其他指标，则可以按照如下操作进行切换。

[跟我做] 更改主图窗口中显示的指标

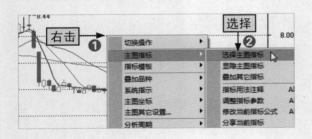

步骤01

❶在主图窗口中的任意位置
右击，❷在弹出的菜单中选
择"主图指标/选择主图指
标"命令。

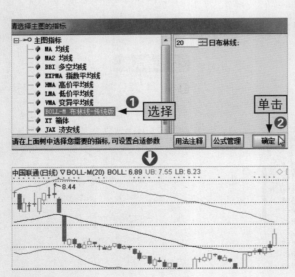

步骤02

❶在打开的"请选择主图的
指标"对话框中选择MA均
线以外的一种指标选项，
❷单击"确定"按钮。返回
到日K线图界面就可看到更
改指标后的显示效果。

10

第10章

做好日常维护，让电脑更安全

学习目标

网络发达的同时，网络安全也成为大家重点关注的问题，越来越多的人因网络而遭受名誉和金钱损失。电脑用久了，或经常上网，都会使电脑中的垃圾变多，甚至中病毒。因此中老年朋友也要学会电脑的日常维护，保障个人信息和财产等安全。

要点内容

- 给电脑设置开机密码
- 定期清理磁盘
- 怎么判断电脑中了病毒
- 学习电脑病毒的传播和预防
- 电脑不能上网怎么办
......

- 电脑不能看视频要怎么处理
- 及时删除浏览器中的缓存文件
- 学会判断网址的安全性
- 定期为电脑做全面体检
- 一键解决电脑故障
......

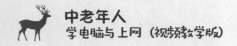

10.1 对电脑本身的维护

 我的小孙子这段时间也老爱玩电脑，我可不想他那么容易就打开，眼睛玩坏了可不得了，而且我也担心里面的文件被他不小心删掉了，该怎么办呢？

 爷爷，您可以给电脑设置开机密码呀。这样只有知道密码的人才能打开您家的电脑并使用。

　　中老年朋友对电脑要做好日常维护工作，比如保持整洁的运行环境、雷雨天不使用电脑以及定期清理电脑等。除此之外，中老年朋友还要学会给电脑设置开机密码、清理磁盘以及了解电脑病毒的传播与预防等。

10.1.1 给电脑设置开机密码

　　给电脑设置开机密码，就可以防范不认识的人随意使用自己的电脑。具体设置过程如下。

[跟我做] 给电脑设置账户密码

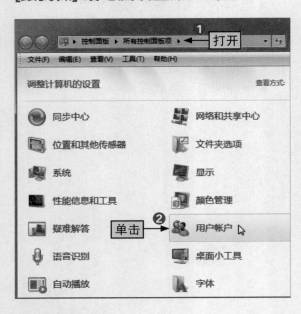

步骤01

单击桌面左下角的"开始"按钮，打开"开始菜单"，❶选择"控制面板"命令打开"控制面板/所有控制面板项"窗口，❷单击"用户账户"图标。

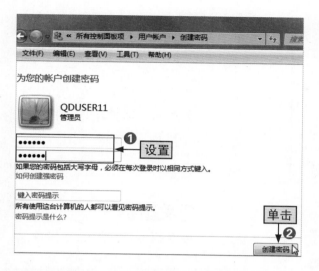

步骤02

❶在打开的"创建密码"窗口中设置开机密码（上下两个文本框中的密码要一致，否则设置不会成功），❷单击"创建密码"按钮，该窗口自动关闭，接着关闭"用户账户"窗口。

步骤03

关闭电脑后重新启动，进入系统时就会要求输入开机密码。❶输入设置好的开机密码，❷单击 按钮即可顺利开机（或者在输入密码后按【Enter】键也可开机）。

10.1.2 定期清理磁盘

中老年朋友使用电脑的时间长了，电脑中的各个磁盘会存在一些垃圾文件，文件多了会影响电脑的运行速度，按照如下所示的操作可对每个磁盘进行单独的清理。

[跟我做] 清理电脑中的本地磁盘(D:)

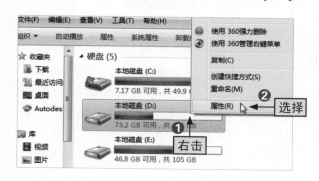

步骤01

打开"计算机"窗口，❶在需要清理的磁盘图标上右击，❷在弹出的菜单中选择"属性"命令。

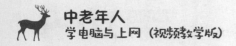
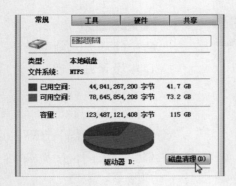

步骤02

在打开的"属性"对话框中单击"磁盘清理"按钮。如果磁盘中需要清理的垃圾文件很多，程序会自动打开一个磁盘清理的进行对话框。

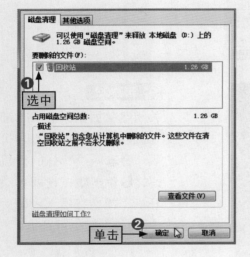

步骤03

❶在打开的D盘的"磁盘清理"对话框中选中需要删除的文件左侧的复选框，❷单击"确定"按钮。注意，在清理磁盘时，每项内容计算出的数据是独立的，比如这里计算出的回收站数据只代表从D盘删除到回收站中的垃圾文件。

步骤04

随后程序会打开一个提示对话框，中老年朋友确定要永久删除这些文件的话，就直接单击"删除文件"按钮。

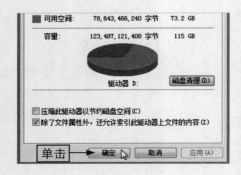

步骤05

稍后程序会自动开始清理D盘，同时打开一个提示对话框，显示清理的进度，清理完毕后会自动关闭。返回"属性"对话框，单击"确定"按钮完成整个操作。

10.1.3 怎么判断电脑中了病毒

电脑病毒会给电脑带来极大的安全隐患，中老年朋友对电脑病毒的了解又非常少，甚至有时连自己的电脑中了病毒都不知道。下面就介绍一些电脑可能中了病毒的表现。

[跟我学] 电脑可能中了病毒的一些表现

● **空间突然不足** 使用时间不长的电脑，或者没有下载太多影片的电脑，又或者经常清理的电脑，突然之间就出现了磁盘空间不足的情况，一般表现为磁盘容量进度条变红，如图10-1所示。

● **电脑运行缓慢** 中老年朋友在打开一个程序时没有反应，或者提示"未响应"字样，或者拖动一个窗口或对象时出现重影的现象，如图10-2所示。

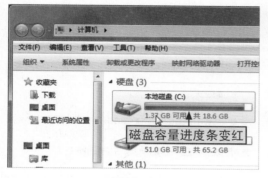

图10-1　　　　　　　　　　　图10-2

● **无法启动Windows** 中老年朋友打开电脑后，停留在蓝屏状态，无法正常启动Windows操作系统，或者在电脑使用过程中突然出现蓝屏显示状态，如图10-3所示。

● **网页异常** 中老年朋友没有对浏览器进行任何操作，但浏览器却自行打开了多个网页，并且大多是游戏页面或广告信息等，如图10-4所示。

图10-3

图10-4

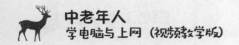
10.1.4 学习电脑病毒的传播和预防

中老年朋友对电脑安全的知识不了解，很多操作习惯不好，容易导致电脑遭到病毒的入侵。这时就需要了解电脑病毒的传播途径和预防措施。

[跟我学] 电脑病毒的传播途径和预防措施

● **不安全的网站** 如果不经意间进入了一些不受信任的网站，就可能导致电脑受到病毒攻击，如图10-5所示。中老年朋友可以使用具有验证网站真伪的浏览器，这样可以阻止进入不安全的网站。

● **陌生电子邮件** 这是电脑病毒传播的惯用伎俩，尤其是一些包含附件的邮件，如图10-6所示。中老年朋友遇到这种情况时不要单击"下载"超链接，也不要单击"预览"超链接，最好是什么操作都不做。另外，各个邮箱服务商会自动区分邮件的类型，如果某一个邮件被分到了"垃圾箱"里面，中老年朋友最好不要打开查看。

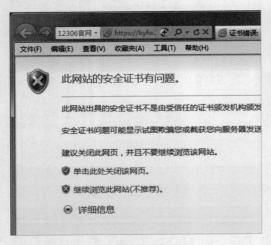

图10-5

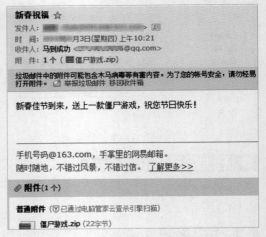

图10-6

● **陌生QQ好友发来的文件** 一些不认识的QQ好友或微信好友发来的文件或链接，很可能包含木马病毒，如图10-7所示。中老年朋友在使用QQ和微信时不要接收这些文件或点击这些链接。

● **网上下载的非正式版软件安装包** 有的软件有正式版和其他假冒版本，而正式版可能需要花钱购买或下载，中老年朋友可能为了省钱而下载伪劣的版本，里面就可能包含木马病毒，如图10-8所示。中老年朋友在下载软件安装包时要去正规网站下载。

图10-7

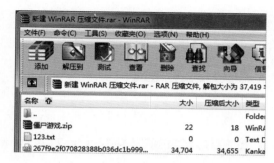

图10-8

● U盘的使用 目前，有很多电脑病毒会寄生在U盘中，U盘与电脑连接使用时就很可能将这些病毒传入电脑，导致电脑出错。所以，中老年朋友在使用U盘时要留意其中是否有不明文件或者被隐藏起来的文件。

10.2 使用电脑时常见问题的处理办法

小精灵，你快来帮我看一下，这是怎么回事啊？为什么我的QQ能够正常发送消息，但是却打不开网页呢？

爷爷，不要着急，可能是网络信号不稳定的原因。我先帮您看看，顺便再跟您讲讲关于电脑无法上网的几种情况和处理办法。

中老年朋友在使用电脑时，可能遇到无法上网或者不能观看视频等情况，所以需要学习一些处理这些问题的办法。

10.2.1 电脑不能上网怎么办

中老年朋友在使用电脑的过程中，可能会遇到无法上网的情况，此时就需要掌握一些简单而实用的修复措施，解决电脑不能上网的问题。

[跟我学] 电脑无法上网的几种解决办法

● 查看"猫"上的 ADSL 或 DSL 指示灯的状态 "猫"上的一个名为 ADSL 或 DSL 的指示灯应该长亮，表示网络处于正常状态。如果该指示灯是一闪一闪的，说明当前网络没有信号，可打电话给网络供应商，查看宽带是否

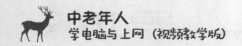

到期；如果该指示灯不亮，说明网线的外线或"猫"本身出现了问题，需要打电话给网络供应商，让其派人来家里检查或更换"猫"。

● **检查网线接口** 若确认网络处于正常状态，但仍无法上网，则检查网线接口。检查网线是否受损，若有，更换网线；若没有，检查网线的水晶头是否破损或接错，若水晶头破损，更换网线或水晶头，若接错，更换接口重试。

● **查看网络连接状态** 若确认网络正常且网线接口没有问题，但仍不能上网，则需要检查网络的连接状态。其方法为：打开网络共享中心，查看网络连接是什么情况。一般会在连接有问题的地方出现黄色叹号或红色叉号，单击黄色叹号或红色叉号，系统会自行检测网络问题，并给出是否解决问题的提示，此时系统通常已经修复了网络问题，再次连接网络即可。

● **查看网络的使用状态** 若确认前述情况都没有问题，但仍不能上网，或自行修复后仍不能上网，则需要进行手动设置。进入网络共享中心，单击页面左侧的"管理适配器"超链接，在打开的页面中会显示所有网络的连接使用是开启状态，右击正在使用的网络，选择"诊断"命令进行修复，然后禁用并重启即可；若正在使用的网络显示为"已禁用"，则右击选择"启用"命令。如果这两种方法试过后仍不能上网，就要打电话给网络售后服务中心，请人来家里查看、维修。

10.2.2 电脑不能看视频要怎么处理

电脑不能看视频的原因有很多，针对不同的情况，中老年朋友要进行不同的处理。

[跟我学] 电脑不能看视频的几个情况

● **未安装Flash Player** Flash Player是Adobe Flash Player的简称，是一种广泛使用的、专有的多媒体程序播放器。如果电脑中缺少它，就可能导致不能播放视频，当中老年朋友打开某个视频进入播放页面时，就可能会出现如图10-9所示的情况。此时单击"安装"按钮完成安装即可。

● **Internet的安全级别过高** 中老年朋友在使用IE浏览器访问Internet时，如果安全级别为"高"（默认安全级别为"中-高"），或者加入了受限制站点，则很可能遇到不能正常观看视频的情况，此时我们可以打开"Internet选项"对话框，❶单击"安全"选项卡，看"该区域的安全级别"栏中的级别是什么，❷最好将其设置为"中-高"级别，如图10-10所示。

图10-9

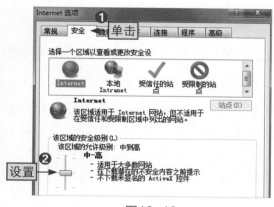

图10-10

● **电脑中了病毒** 木马病毒会造成视频无法播放，比如Flash空间劫持型木马，如果电脑感染了该病毒，最好在安全模式下进行查杀，完成后重新安装Flash播放器即可。

● **播放格式不一致** 中老年朋友还会遇到下载的视频不能播放的情况。因为电脑操作系统默认的播放软件是Media Player，这种播放器不能播放的格式有很多，此时就需要下载安装一些其他的软件，比如视频来源对应的播放器。

10.3 网络与电脑安全问题

 听说现在有很多网站都不太正规，而且还有一些冒充网站，那我在使用电脑上网时要怎样辨别呢？

 可以使用一些比较安全的浏览器上网，这样在上网的过程中它会实时地判断网页的安全性。

    为了给电脑更多的安全保障，中老年朋友要学会及时清除浏览器中的缓存文件以及判断网站安全性。

10.3.1 及时删除浏览器中的缓存文件

    中老年朋友在使用电脑上网的过程中，会产生一些上网痕迹，比如搜索过什么内容、浏览过哪些网站以及用什么账户登录过网站等。清理这些缓存文件

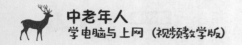

有助于保护个人隐私。具体清除操作如下所示。

[跟我学] 清理浏览器中的缓存文件和上网痕迹

　　打开浏览器，按照相关步骤打开"Internet选项"对话框，❶在"常规"选项卡下的"浏览历史记录"栏中单击"删除"按钮，❷单击"确定"按钮即可删除上网过程中的缓存文件，如图10-11所示。除此之外，还可直接按【Alt】键打开网页上方的菜单栏，❶单击"工具"菜单项，❷在弹出的菜单中选择"删除浏览历史记录"命令即可，如图10-12所示。

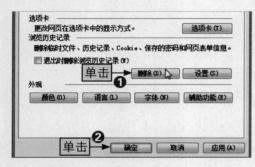

图10-11

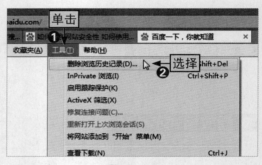

图10-12

10.3.2 学会判断网址的安全性

　　随着电子科技的发展，越来越多的"冒充"网站成为很难辨别的"A货"。中老年朋友凭借对网络的一点认识可能无法完全辨认出伪网站，这时可以借助一些特殊的浏览器来验证网站的真伪，比如360安全浏览器。下面以使用360安全浏览器的"照妖镜鉴定"功能为例，讲解判断网站安全性的操作。

[跟我学] 使用360安全浏览器的"照妖镜鉴定"功能

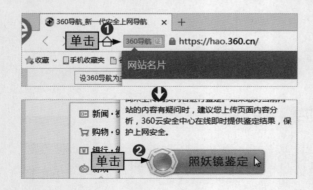

步骤01

在360安全浏览器中打开某网站，❶单击地址栏中的"360导航证"标签，❷在弹出的菜单中单击"照妖镜鉴定"按钮。在该菜单中还能查看网站的信用星级。

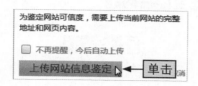

步骤02

单击"上传网站信息鉴定"按钮。

步骤03

程序会自动开始鉴定，鉴定完毕后，360互联网安全中心会给出鉴定结果。

10.4 常用的电脑安全管家360

小精灵，我看你的电脑上有一个什么360安全卫士，那是干什么的呀？

哦，爷爷，您说这个啊，它是一款对电脑起保护作用的软件，可以有效识别危险网站，也可以帮助我们检查并修复电脑存在的漏洞。

为了给电脑更多的安全保障，中老年朋友要学使用专业的电脑安全软件来管理自己的电脑。

10.4.1 定期为电脑做全面体检

电脑就像人的身体，需要定期做检查，从而判断电脑是否存在问题。对于中老年朋友来说，360安全卫士是一款非常好用的软件，可以对电脑进行全面的体检，如安全检测、垃圾检测和故障检测等。下面就以该软件对电脑进行体检为例，讲解具体操作步骤。

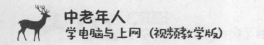
[跟我学] 使用360安全卫士检查电脑是否存在问题

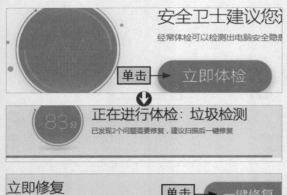

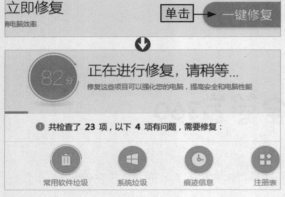

步骤01

先下载安装360安全卫士，然后启动该软件，单击"立即体检"图标，程序会自动开始对电脑进行体检。

步骤02

体检完毕后，如果存在问题（通常，存在问题的软件或程序会以橘黄色标记突出显示），单击"一键修复"按钮，程序会自动修复电脑存在的问题。

步骤03

修复过程中可能会遇到正在运行的程序需要修复的情况，此时需要中老年朋友手动选择清理或不清理。比如这里❶单击Office右侧的"本次取消清理"按钮，不关闭该程序，❷单击"清理所有"按钮（确定结束这些程序并顺利完成清理，则直接单击该按钮）。

修复完毕后，程序会提示已修复全部问题。

如果电脑体检出漏洞问题，修复后程序一般会要求重启电脑，此时可以选择立即重启，也可以稍后再重启。只有重启了电脑，修复工作才算彻底完成。

10.4.2 空闲时清理掉不必要的插件

中老年朋友在使用IE浏览器或下载一些软件的过程中，可能会不知不觉安装一些插件，此时可以使用360安全卫士来清除无用的插件，具体操作如下。

[跟我做] 使用360安全卫士清除无用插件

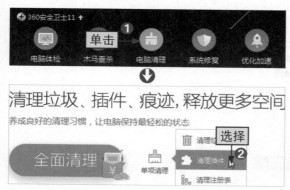

打开360安全卫士，❶单击"电脑清理"图标，❷将鼠标光标移动到"单项清理"图标处，在弹出的菜单中选择"清理插件"选项。

程序会自动开始扫描电脑中的各种插件。

360安全卫士会非常智能地选中"建议清理插件"复选框，此时中老年朋友可直接单击"一键清理"按钮完成插件的清理操作。

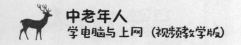
10.4.3 一键解决电脑故障

对中老年朋友来说，解决一些小的电脑的故障问题并不难，只需要一个360安全卫士就行。下面就来看看一键解决电脑故障的具体操作步骤。

[跟我做] 进入"人工服务"界面搞定电脑故障

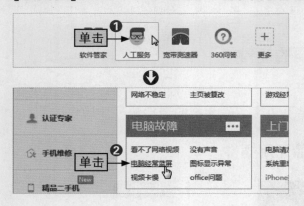

步骤01

❶在360安全卫士主界面的右下角单击"人工服务"图标，❷在打开的界面中找到电脑出现的故障问题，如这里单击"电脑经常蓝屏"超链接。要想查看更多的故障，单击 ··· 按钮即可。

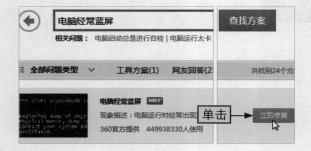

步骤02

在打开的界面中会显示电脑当前是否存在经常蓝屏的问题，单击"立即修复"按钮即可。另外，在该页面中还可以了解电脑经常蓝屏是怎么回事。

拓展学习｜360安全卫士的其他实用功能

"木马查杀"与"系统修复"功能：在主界面单击"木马查杀"图标可启用"木马查杀"功能，检测电脑中的木马病毒，一般与"系统修复"功能辅助使用，修复系统漏洞，使电脑处于"健康"状态。其中，"系统修复"功能中可单独进行常规修复、漏洞修复、软件修复和驱动修复，也可以进行全面修复（消耗的时间会比较长）。

"电脑加速"功能：中老年朋友如果觉得电脑开机或运行较慢，可以在主界面单击"优化加速"图标，启用"优化加速"功能，通过设置开机加速、系统加速、网络加速和硬盘加速等，提升电脑的运行速度。

"软件管家"功能：单击主界面中的"软件管家"图标可启用该功能，进而对已安装的和未安装的软件进行管理，包括软件的安装、升级与卸载。